Опыт системы элементов,
основанной на их атомном весе и химическом сходстве.
Д. Менделѣева.

			Ti=50	Zr=90	?=180
			V=51	Nb=94	Ta=182
			Cr=52	Mo=96	W=186
			Mn=55	Rh=104,4	Pt=197,4
			Fe=56	Ru=104,4	Ir=198
			Ni=Co=59	Pl=106,6	Os=199
H=1	?=8	?=22	Cu=63,4	Ag=108	Hg=200
	Be=9,4	Mg=24	Zn=65,2	Cd=112	
	B=11	Al=27,4	?=68	Ur=116	Au=197?
	C=12	Si=28	?=70	Sn=118	
	N=14	P=31	As=75	Sb=122	Bi=210?
	O=16	S=32	Se=79,4	Te=128?	
	F=19	Cl=35,5	Br=80	J=127	
Li=7	Na=23	K=39	Rb=85,4	Cs=133	Tl=204
		Ca=40	Sr=87,6	Ba=137	Pb=207
		?=45	Ce=92		
		?Er=56?	La=94		
		?Yt=60?	Di=95		
		?In=75,6?	Th=118?		

Essai d'une système des éléments d'après leurs poids atomiques et fonctions chimiques par D. Mendeleeff

18 II/17 69.

歴史を変えた100の大発見

PONDERABLES
100
BREAKTHROUGHS
THAT CHANGED HISTORY
WHO DID WHAT WHEN

丸善出版

PONDERABLES
100 Breakthroughs That Changed History

THE ELEMENTS
An Illustrated History of the Periodic Table

by

Tom Jackson

Originally published in English under the title: The Elements in the series called Ponderables: 100 Breakthroughs that Changed History by Tom Jackson.

Copyright © 2012 by Worth Press Ltd., Cambridge, England
Copyright © 2012 by Shelter Harbor Press Ltd., New York, USA

All rights reserved. No part of this publication may be reproduced, stored in a retrieval system, or transmitted, in any form or by any means, electronic, mechanical, photocopying, recording, or otherwise, without prior written permission from the publisher.

Japanese language edition published by Maruzen Publishing Co., Ltd., Tokyo.
Japanese copyright © 2015 by Maruzen Publishing Co., Ltd.
Japanese translation rights arranged with Worth Press Limited through Japan UNI Agency, Inc., Tokyo.

Printed in Japan

元素

周期表にまつわる5万年の物語

トム・ジャクソン 著　大森 充香 訳

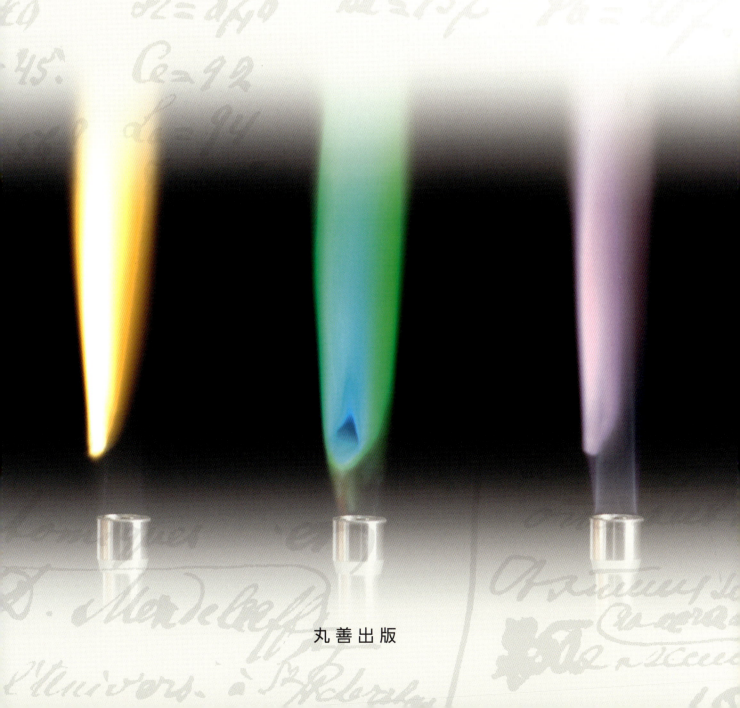

丸善出版

目　次

はじめに　　2

先史時代から西暦1世紀

1　石器時代の化学　　6
2　天然の純物質　　8
3　青銅器時代　　9
4　鉄の利用　　10
5　便利な鉱物　　12
6　ガラスの製造　　13
7　四大元素　　14
8　電気と磁気　　15
9　原子論　　16
10　プラトン立体　　17
11　仏教における原子論　　17
12　エーテル：アリストテレスの第五元素　　18

暗黒時代から中世

13　黒魔術：錬金術の誕生　　20
14　秘密の知識：ジャービルの暗号　　21
15　実用化された魔術　　22
16　新しいアプローチ　　24
17　リトマス試験　　25
18　魔術師と魔女　　26
19　金属の性質　　27

啓蒙時代

20　地磁気　　28
21　フランシス・ベーコンの新たな手法　　29
22　ロバート・ボイル：『懐疑的化学者』　　30
23　リン：光を運ぶもの　　32
24　金属の増量　　33
25　ロンドン大火　　34
26　温度を計る　　35
27　電気を蓄える　　36
28　固定空気　　37
29　潜熱の発見　　38
30　燃える空気：水素　　39
31　フロギストン空気　　40
32　ジョゼフ・プリーストリー：気体化学の父　　40
33　シェーレ：知られざる発見者　　42
34　ラヴォワジエの単一物質表　　43
35　質量保存　　44
36　熱量の測定　　45
37　クーロンの法則　　46
38　自然の分析　　46
39　元素の命名法　　47
40　動物電気　　48
41　化学作用による電気　　49

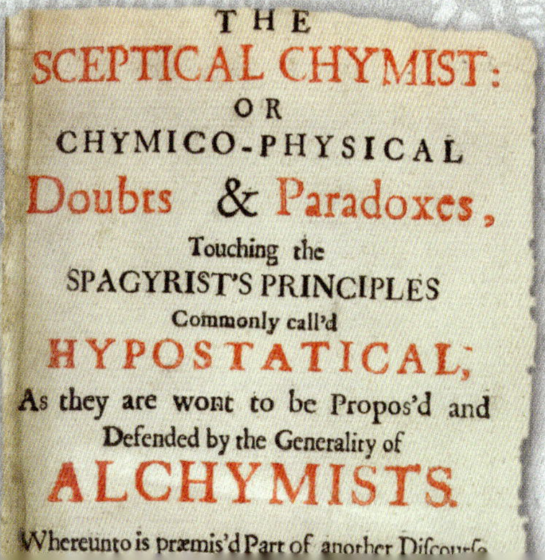

近代

72	キュリー夫妻	78
73	物質の変換	80
74	光電効果	81
75	半減期	82
76	ハーバー法	82
77	核の発見	84
78	同位体と質量分析	86
79	ボーアの原子モデル	88
80	原子番号	89

19世紀：科学の黄金時代

42	拡散する気体	50
43	よみがえる原子論	50
44	正しい比率	51
45	電気分解	52
46	ハロゲン：造塩元素	53
47	アボガドロの法則	54
48	記号と式の導入	54
49	電磁気学	56
50	生気論の反証	57
51	電気の力のはたらき	58
52	イオン	58
53	触媒	60
54	鏡写しの異性体	61
55	原子価と分子	62
56	ブンゼンバーナー	62
57	ガイスラー管	63
58	人工樹脂の登場	64
59	炭素の化学	64
60	分光学	66
61	カールスルーエ会議	67
62	ヘリウムの発見	67
63	周期表	68
64	陰極線	70
65	半導体	71
66	活性化エネルギー	72
67	X線	73
68	放射能	73
69	電子の発見	74
70	プラムプディング原子モデル	75
71	貴ガス	76

81	量子飛躍	90
82	陽子の発見	92
83	X線結晶学	92
84	ベンゼン環	93
85	化学結合	94
86	最後のピース：中性子	95
87	実用的なポリマー	96
88	初めての人工元素	97
89	化学の視点から見る生命：クエン酸回路	98
90	原子の分割	100
91	超ウラン元素	102
92	ミラーとユーリーの実験	104
93	DNAコード	106
94	酵素を理解する	108
95	バックミンスターフラーレン	109
96	原子を見る	110
97	高温超伝導体	110
98	ナノチューブ	111
99	安定の島	112
100	ヒッグス粒子	112

101	化学の基礎	114
	元素周期表	120
	まだ答えが見つかっていない問題	122
	偉大なる化学者たち	126
	訳者あとがき	136
	索引	137
	周期表の歴史年表	147
	図の出典	148

はじめに

わたしたちの世界は物質に満ちている。物質は何から作られていて，そのさらに奥には何がひそんでいるのだろうかと，あなたは考えたことがあるだろうか？　もし考えたことがあるとしても，それはあなただけではない。何世紀にもわたり熟考に熟考が重ねられて，たくさんのすばらしい発見が生まれてきたのだ。

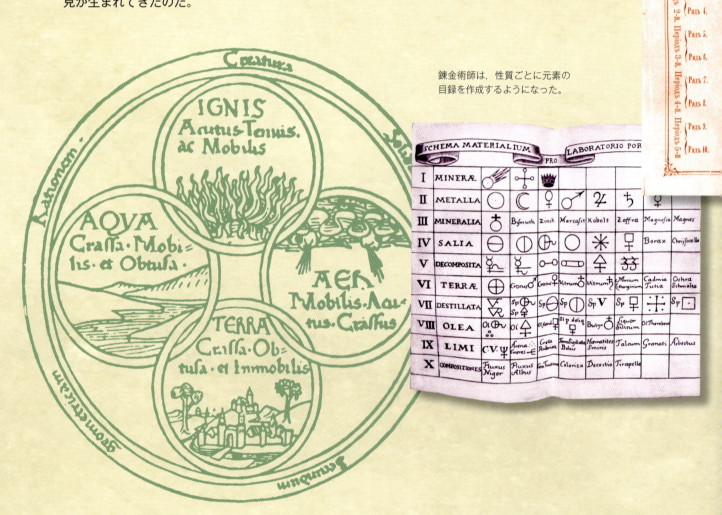

錬金術師は，性質ごとに元素の目録を作成するようになった。

人類の歴史の長きにわたり，元素は四つで十分足りていた。

偉大な思想家たちの思想や功績はどれも興味深いものだが，本書では全部で100の物語を紹介する。いずれも熟考に値する重要な問題に関係し，わたしたちをとりまく世界と環境に対する理解を変える発見につながったものである。

よく考えてみるべき事柄

知識は最初から完成されているわけではない。人は知識を得るために研究を行い，代わる代わる証拠を調べて考えを示さなければならない。そのときは最先端だった考えも，後から振り返ればまるっきりまちがっていたということもあるし，突拍子もなくてばかばかしく思えることだってある。しかし，相互に密接な関わりをもつ現代の高度技術は，そういった熟考に値する問題が発展し，少しずつ姿を変えて，より明確な現実像を形成してきたところに成り立っているのだ。

周期表の物語というのは，自然界の物質を分類する方法について述べたものである。物質界はもともと神秘的で魔術的な分野としてとらえられていた。というのも，宇宙を形づくる元素は，物質的なものであると同時に宗教や精神的な意味合いも含んでいたからだ。そのため古代の研究者にとっては，

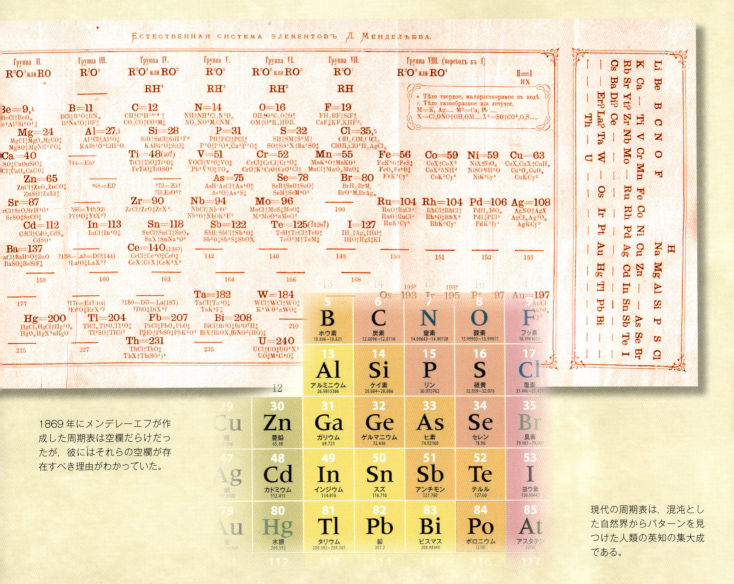

1869年にメンデレーエフが作成した周期表は空欄だらけだったが,彼にはそれらの空欄が存在すべき理由がわかっていた。

現代の周期表は,混沌とした自然界からパターンを見つけた人類の英知の集大成である。

物質を熱や水で制御するのと同じように,ブツブツと呪文を唱えることで物質を制御しようとすることも理にかなっていた。

古代と現代

古代世界での元素というと片手で数えられるだけ,つまり水,空気,火,土のみだった。それでも人類は,この数少ない物質のなかに一定のパターンと関連性を見いだして巧みに扱うようになった。物質をより便利な物にしようという目的もあっただろうが,それよりも物質をより価値の高い物にしようという狙いがあったのはまちがいない。錬金術師と呼ばれる新しいタイプの研究者は,元素には哲学者が考える以上のものが秘められていることを示した。

錬金術師の仕事場は,土や油,結晶,空気といった物質で埋め尽くされていた。これらの物質を混ぜ合わせたり固めたりするために,長い年月をかけて新しい技術や器具が開発された。そしてあやしげな呪術的要素はしだいにそぎ落とされていき,やがて実証的なアプローチによる研究へと姿を変えた。こうして科学の時代が到来すると,科学者は一つ,また一つと新しい元素を明らかにし,ときには既知の元素の誤りを訂正した。19世紀になる頃には塩素やウラン,ヘリウムなどの新元素が次から次へと現れた。一時期は毎年のように元素が発見されたので,一覧表の作成を試みる者の頭を悩ませた。これらすべての物質に特有な類似点は何だろうか? また相違点は?

何度かの試みが失敗に終わったあと,ドミトリー・メンデレーエフは,一定のパターンを繰り返す元素の特徴に基づいて,「周期的」に配列した元素の一覧表を提案した。これが,現在も世界中の化学実験室の壁に貼られている周期表である。この周期表はうまい具合にできていた。ただ,メンデレーエフも含め,当時の研究者たちにはこれがなぜうまい具合になっているのかはっきりとはわからなかった。この謎を解明するには,もっとずっと多くの熟考を重ねなければならず,その努力は現在もなお続いている。

周期表の仕組み

　周期表は，化学者が既知の元素を整理するのに便利なツールである。周期表の配列を見れば，その元素が金属なのか非金属なのか，反応性が高いのか低いのか，そしてほかのどの元素と反応しやすいのかなどの性質が一目でわかる。これらの性質を把握するには，いくつかの簡単なルールさえ知っていればよい。元素は原子からなり，原子は中央の原子核にある重い陽子および陽子を囲む軽い電子から構成されている。（通常，原子核には中性子も含まれているため，原子核はその分だけ重くなっている。）一つ一つの元素が異なるのは，それぞれの元素が固有の原子構造をもっているためである。どの元素もそれぞれ決まった数の陽子が原子核にあり，陽子と同じ数の電子がその周囲を飛び回っている。周期表はこうした原子構造に基づいて配列されており，その左上には1番目の

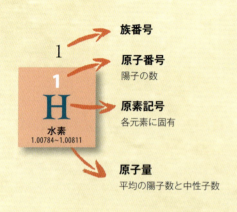

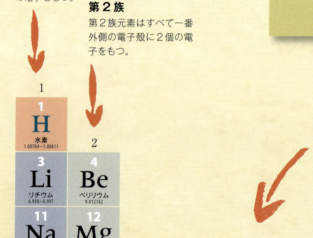

ランタノイド系元素とアクチノイド系元素
典型元素（1，2，13〜18族の元素）のように一番外側の電子殻に電子が入っていくのではなく，内側から3番目の殻を埋めていくタイプの元素。

元素である水素（H）がある。水素は，もっともシンプルな原子構造をもつ，もっとも軽い元素である。水素の場合，1個の陽子のまわりを1個の電子が回っているので，原子番号1がついている。右列に移ってヘリウム（He）には2個の陽子と2個の電子があるため，原子番号は2となる。リチウム（Li）の原子番号は3であるが，3個目の電子は2個の電子よりも外側に位置している。そのため，リチウムは周期表の2段目，すなわち第2周期に置かれている。3個目の電子が存在する二つ目の層（電子殻）には最大で8個の電子が入るため，第2周期はリチウムの七つ先のネオン（Ne）までいってから第3周期以降へと続く。さあ，周期表の仕組みが少しわかってきただろうか。

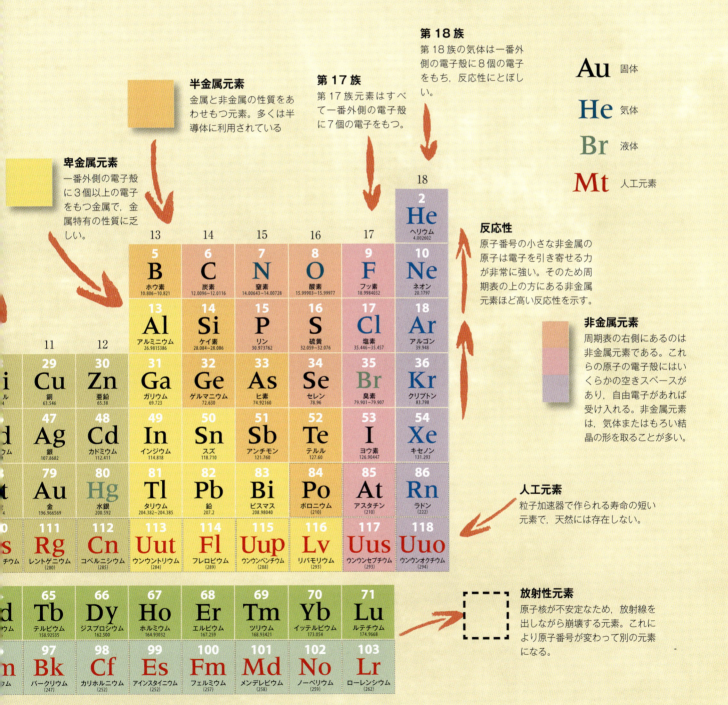

先史時代から西暦1世紀（紀元前50,000〜0年）

1 石器時代の化学

　化学とは，突き詰めれば要するに物質を分類することであるが，この営みは人類の出現とともに始まった。たき火にしても，絵画や製パンにしても，そこには化学反応が関わっている。最古の人類である原始的なヒト科の動物でさえ，手に入れた天然物質の化学的特性を利用していた。

　石器時代とは，人類の文化のなかでもっとも古い時代を包括的に指す言葉であり，200万年以上も前に始まっている。ホモ・サピエンスと呼ばれる現生人類が地上に現れるよりずっと前の時代である。わたしたちの直接の祖先にあたるホモ・ハビリス（「器用なヒト」という意味）が，石器時代に簡単な道具を開発したのは進化における画期的な出来事であった。石器時代と名づけられたのは，この最古の時代に残された人的活動の証拠品のほとんどが，先史時代の人の手によって打ち欠かれた石から作られているためだ。しかし，紀元前50,000年に栄えたより現代的な人類は，明らかに石以外のものも使っていた。骨や角，腱（けん），皮，木から作られた道具のなかには，完全な形を維持したまま発見されたものも

木や角，石で作られた矢じりは，シカを射止める弓矢に使われた。このような狩猟の場面は，着色した粘土と創造力を用いて何千年にもわたり描かれ続けた。

芸術と魔術

　化学は石器時代の社会において，儀式的な役割も担っていた。一説によると，古代の芸術は，たとえば次回の狩りの成功を願うなど，重要な行事に影響を与える魔術的な行為だったという。炭の破片は初期の鉛筆として，砕かれた粘土は水と混ぜ合わせて初期の絵の具として壁に模様を描いたり吹き付けたりするために使われた。辰砂の赤（硫化水銀），黄土の黄色やオレンジ色（各種酸化鉄）は，石器時代によく使われた色彩であり，今もなお世界の伝統的な絵画において広く使われている。このように，化学の世界が芸術家によって開かれることも珍しくなかった。

石と身分

　「価値」はもともと実用的な物に見いだされたのだろうが，初期の文化では，実用性がなくても価値を認めることもあった。鋭い枝角は，木より消耗しにくく石より柔らかいため採掘に適していた。そのため，よい採掘棒は手頃な木製の道具よりも用心深く持ち主に守られていた。旧石器時代の道具類でもっとも重んじられたのは手斧だった。手斧はくさび形をした手のひらサイズの石であり，まさに現代のナイフや斧と同じように，幅広の部分に加えられた力が刃のような先端部分に伝わるようにできている。斧は，硬くて鋭利な形に砕ける岩石や微晶質の石から多く作られた。儀式用の手斧は大きく実用的ではないが，持ち主が高い身分であることを示した。

2 天然の純物質

自然界は雑多である。初期の人類を取り囲むあらゆる物は多種多様に混ぜ合わさっていたため，彼らが純粋な物質を目にすることはなかった。そのような環境のなかで，混じり気のない黄金の塊が大きな注目を集めたのは不思議なことではないだろう。そして，それは今も変わらず人々の関心の的となっている。

地表にもっとも豊富に存在する元素は鉄やアルミニウム，カルシウムなどの金属である。しかし，これらの金属のほとんどは純粋な形で発見されることはなく，ケイ素や酸素といった非金属と結合した化合物として存在する。そして，これらの化合物によって鉱物，つまり地形を形づくる岩や粘土や砂といった天然物質が形成されている。

そんな茶色や灰色をした物質の一部に，金色の輝きを見ることがある。金は純粋な形で自然に存在する数少ない元素の一つである。純粋な銀や銅，硫黄や水銀が発見されることもまれにあるが，金はたいてい純粋な状態で存在するという化学的性質をもつ。この特徴に加え，ひときわあざやかな黄金色をしていることから，金は貴重な物質と見なされるようになった。

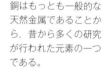

銅はもっとも一般的な天然金属であることから，昔から多くの研究が行われた元素の一つである。

金属の加工

初期の金属工は，身近にある材料を使って金属を叩いて平たくしたり融かして型に流し入れたりしていた。たとえば，イラク北部では，11,000年前の自然銅の首飾りが発見されているが，金はさらに希少であるため現存する工芸品は少ない。最古の品はブルガリアのヴァルナで発見された紀元前5,000年のものであり，最初の金鉱がエジプトで出現したのは，その2,400年後だった。金貨を噛めば本物かどうかを見分けることがでるほどに金は軟らかい金属であり，その軟らかさゆえ，装飾にしか適さなかった。しかし，ほかの金属は年月とともに腐食や変色が進んでもろくなるのに対し，金は代々に受け継がれても色あせないという事実を人々はすぐに学んだ。錆びてもろく崩れることもなかった。こうして金は富の象徴となり，今日も変わらずその価値が認められている。

現存する金

現在，すべての純金を集めると1辺20メートルの立方体となる。その半分は装飾品を作るために使われ，10パーセントは電子工学や医学における高度技術に使われている。もちろん，金そのものとしても保管されている。全体の40パーセントは銀行に保管されたり，投資家によって売買されたりしている。金の価値は，何千年ものあいだにずいぶん高くなった。

3 青銅器時代

古代職人は合金，つまり複数の金属が混ざったものに詳しかった。金は，それよりもやや価値の劣る銀を含んだ琥珀金（エレクトラム）と呼ばれる天然合金として発見されることも多かった。しかし，人類が作り出した青銅という合金こそが世界を永遠に変えたともいえるだろう。

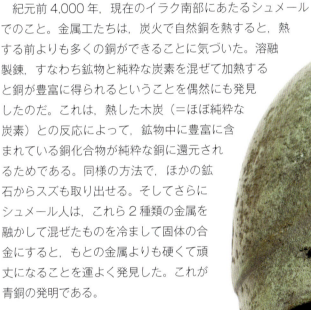

青銅器時代はおおよその歴史区分の一つであり，エジプトのピラミッドの建立や木馬を使ったトロイ戦争での勝利，アトランティス大陸崩壊といった事柄に比べたら，かすかな記憶としてのみ残るような時代だ。それは，まったくの偶然から始まった。

紀元前4,000年，現在のイラク南部にあたるシュメールでのこと。金属工たちは，炭火で自然銅を熱すると，熱する前よりも多くの銅ができることに気づいた。溶融製錬，すなわち鉱物と純粋な炭素を混ぜて加熱すると銅が豊富に得られるということを偶然にも発見したのだ。これは，熱した木炭（＝ほぼ純粋な炭素）との反応によって，鉱物中に豊富に含まれている銅化合物が純粋な銅に還元されるためである。同様の方法で，ほかの鉱石からスズも取り出せる。そしてさらにシュメール人は，これら2種類の金属を融かして混ぜたものを冷まして固体の合金にすると，もとの金属よりも硬くて頑丈になることを運よく発見した。これが青銅の発明である。

このようなコリント式兜（かぶと）は鋳造によって青銅を一体成形したもので，紀元前1,000年に多くのギリシア兵が使用した。

技術的メリット

青銅の発明は人類の発展において大きな転機となった。丈夫で長持ちする道具ができたことにより，より精密な構造物が普及した。青銅の鍬（くわ）は頑丈で壊れず，手際よく土を掘り返すことができたし，鉱山から鉱石を運び出したりする車両にも形成して固めた青銅が使われた。戦場では，青銅の鎧を身につけた兵士は銅製の武器を持った敵から身を守ることができた。銅製の武器では，青銅製の刀に太刀打ちできなかった。

4 鉄の利用

溶融製錬は銅やスズだけでなく，ほかの鉱石も純金属に還元することができた。「還元（リデュース＝減らす）」という用語が使われているのは，生成した金属が元の材料よりも軽くなるためである。金属工は各種の鉱石を重さや外見，さらには臭いで特定することができた。やがて彼らは，今日もなおもっとも広く使われている金属を生み出す鉄鉱石にたどり着いた。

鉄は反応性が非常に高いため純粋な形で産出することはめったにないが，地球上にもっとも多く存在する金属元素である。この惑星に存在する鉄のほとんどは，熱くて高密度な核の中に存在し，とてもわたしたちの手の届くところにはない。それでも，鉄は地殻を形成する岩に多く含まれる成分となっている。地殻の中で鉄よりも豊富に存在するのは酸素とケイ素，アルミニウムだけである。

不思議な金属

ところが，古代人は身近に鉄があることに気づいていなかった。たとえば古代エジプト人は，鉄は隕石として宇宙から飛来してくる不思議な「天の金属」であると考えていた。エジプトの銅と青銅はもともと不純物のヒ素を多く含んでいたことから強度に優れており，古代エジプト人はそれ以上に強くて丈夫な金属を探す必要性がなかったのだ。その代わり，優れた原料を求める動きは古代世界の別の場所で現れ，そこから鉄器時代が始まった。

金属工は，鉄を精錬したり鋳造を行ったりする専門的な職人だった。彼らが作った鉄の道具のおかげで農業の効率が上がり，その結果食料が豊富に得られるようになった。このことから，鉄器時代のコミュニティーは，生き残ること以外にも目を向けられるようになった。

腐食

鉄は強くて柔軟性に富む物理的特性をもつうえ豊富に存在することから，もっとも広く使用されている金属となっている。毎年，1兆トン以上の鉄が精錬されているほどだ。しかし，鉄には一つ，腐食するという欠点がある。鉄はゆっくりではあるが確実に酸素や水と反応して針鉄鉱と呼ばれるパサパサで孔の多い鉱物になる。一般にいう錆びである。コーティングや合金化によって錆びにくくすることはできるが，腐食はいずれすべての精錬鉄を赤い粉に変えてしまう。鉄は錆びるに従い膨張もするので，鉄で補強されたコンクリートはやがてひび割れを起こして崩れてしまう。

かつては硬くて丈夫だった鋼の短刀も，腐食によって変質してしまった。

鍛造

鉄の製錬が行われるようになったのは，現在のシリア北部およびトルコ南部で青銅が発見されてからわずか数百年後であると見られている。紀元前2,000年の鉄製品がタンザニアでも発見されているが，独立に発見されたものだろうと考えられている。紀元前1,200年までには鉄の技術は西アフリカからコーカサス山脈へ伝わり，のちに中国や西ヨーロッパまで拡大した。

青銅の製錬は，1,000℃よりやや高い温度で銅とスズの鉱石を還元するのだが，これは木炭炉で十分対応できる範囲だった。しかし，鉄の製錬には木炭の限界を超える1,500℃以上の熱が必要だった。このために初期の鉄の製錬は骨の折れる仕事となった。最適温度より低い温度で作られた鉄は，不純物などのカスで小穴だらけの塊となる。この銑鉄（ブルーム）と呼ばれる生成物は鍛造（加熱冷却を繰り返しながらハンマーで叩くこと）を行い，鉱滓（スラグ）を取り除き，錬鉄として知られる純粋で可鍛性のある金属にしなければならなかった。

硬度の改良

製鉄工は，銑鉄は砕けやすく，銑鉄から鍛造される錬鉄は軟らかすぎることに頭を悩ませていた。しかし実は，青銅に代わる強固な鉄を作るための原料はすでに炉の中に存在していたのだ。塊鉄炉として知られる初期の鉄炉には大きなふいごがあり，高温に熱せられた木炭と鉄鉱石（酸化鉄）の混合物に空気が送られる仕組みになっていた。木炭の燃焼によって発生する一酸化炭素は，酸化鉄と反応し，酸素を奪って二酸化炭素となり，鉄鉱石を純粋な鉄に還元する（ただし，銑鉄にはほかの不純物が含まれている）。

錬鉄が軟らかいのは，鍛造工程のなかですべての炭素を焼き尽くしてしまうからだった。しかし，鍛造された鉄を木炭の中で加熱し，まだ赤いうちに水の中に沈めると，より硬い金属が得られた。この工程は浸炭として知られるもので，炭素によって表面に硬質なコーティングがなされる。現代の用語では，この鉄と炭素の混合物を鋼と呼び，今日でも耐久性と強度を兼ね備えた一般的な金属となっている。

古代の鉄鋼作りは根気のいる仕事だったが，その努力と技術は完成品のでき映えによって十分報われたことだろう。ローマ人や中国のハン族，ヴァイキングや日本の武士が戦いで成功を収められたのも，鋼鉄を扱う高い技術の成せる技だった。

> ### 高炉と転炉
>
> 塊鉄炉は時とともに改良された。水車を用いることで溶鉱炉に送る空気の流れは増し，コークス（精製炭）を少しずつ入れることで炉内の温度は飛躍的に高くなった。石灰石は，不純物を除去する清浄剤（融剤）として加えられた。炉の改良にともない，性能の劣る塊鉄炉は強力な高炉へと姿を変えた。1855年，英国のヘンリー・ベッセマーは，銑鉄を錬鉄に鍛造する手順を踏まずに，銑鉄を直接かつ大量の鋼に変える転炉を開発した。
>
>
>
> ベッセマーの転炉では，熱い空気を吹きつけて不純物を焼き尽くす。その後，適量の炭素を加えて鋼が作られた。

5 便利な鉱物

初期の文明で精練され，物づくりに使われた化学物質は金属だけではない。価値の高い宝石は何世紀もの時を経てなお数多く残されているし，それ以外の鉱物を使っていた証拠もまばらにだが存在する。

アルコールの発酵は，古代人が初めて開発した化学的手法の一つである。貯蔵された果物や穀物に生えた酵母は，自然に糖を分解してアルコールに変えるが，中国人は少なくとも9,000年前にハチミツ酒や米酒の意図的な製造に成功していた。なめし革もまた生物作用のはたらきを利用したものである。動物の皮を水に浸した樹皮や糞，それに動物の脳といったものまで使って処理をすると，タンパク質が耐久性と防水性のある腐らない素材に変わるのだ。

古代の化学について現在知られていることの多くは，陶器の破片に含まれる残留物を分析して明らかにされた。その陶器自体の製造にも，熱を利用して柔らかい粘土を硬い陶器に変えるという化学的手法が使われていた。

また，粘土板は青銅器時代に紙の役割を果たしていた。紀元前2,100年頃，あるシュメール人の医師が日常的に使用する物質を記録していた。そのリストには，海塩（塩化ナトリウム），植物を焼いて作るソーダ灰（炭酸ナトリウム），石炭灰から採れる塩化アンモン石（塩化アンモニウム），硝石（硝酸カリウム，のちに火薬の材料となる），油や脂肪，そして溶剤や消毒剤，麻酔薬として使われたであろうアルコール（とおそらく酢）がある。しかし，この医師は，これらの物質を何の目的で使用したのかを正確に記録していなかったため，医学的な効能は謎に包まれたままとなっている。

ツタンカーメン王のデスマスクに特有の色づかいは，最高純度の金にラピスラズリをはめ込んで作られたものである。この青い石は初めて大量生産された宝石の一つであり，およそ4,000キロメートル離れたアフガニスタンで採掘された。

人工の石

コンクリートは堅い石のような物質であり，トゲのある砂など粒状の材料をセメント材料と結合させて作る。その構造は多くの堆積岩とよく似ている。大きく異なるのは濡れている状態のコンクリート懸濁液は鋳物に流し込んだり成形して固め置いたりすることができる点である。古代エジプト人はコンクリート使用の先駆者であり，石膏（硫酸カルシウム）と石灰岩や貝殻を熱して生じた石灰（酸化カルシウム）をいち早く使っていた。セメントはただ乾くだけではなく，結晶が水分子を吸収することにより固まる。

ローマのパンテオン神殿は西暦126年に建築された。火山灰で固められたコンクリートから作られたこの43メートルのドームは，今に至るまで，現存する世界最大の無筋コンクリート建造物である。

6 ガラスの製造

ガラスはどことなく魅惑的な透明感を特徴とするが，起源そのものはそれほど謎めいたものではなかった。ガラスは無数の砂粒を高熱で融かして不規則な網の目状にしたものである。雷や噴火，隕石の衝突といった強力な現象によって自然に形成されもするが，古代の人類も砂粒を美しい物質に変える方法を知っていた。

ガラスの製造は，紀元前3,000年中頃に古代エジプト文明で始まったと考えられている。おそらく，銅細工師が砂の混じった鉱石を高温で溶解しているときに，偶然ガラスを発見したのだろう。砂は一般的に，二酸化ケイ素（別名：シリカ，クオーツ）という小さな結晶断片からなるが，古代エジプト人はそれをガラスに変える簡単な手法を見つけたのだ。

自然界では，シリカの融点1,700℃を大幅に超える熱を与えるような，強力な力によってガラスは生成される。いっぽう，古代エジプト人は，シリカに炭酸ナトリウム（ソーダ灰）を混ぜる工程を取り入れていた。ソーダ灰は，現在のアレクサンドリア近隣の湖底から採取された（この地域は，今でもソーダ灰の主な原産地である）。ソーダ灰は，シリカとともに加熱すると融剤としてはたらき，混合物の融点を大幅に下げる。このため，木炭窯でも溶融ガラスの製造が可能になったというわけだ。

エジプト人は，主に，容器に美しい光沢をもたせるためにガラスを利用していたが，実際にガラス製品の製造を考え出したのは数世紀後のメソポタミア人であった。しかし，ガラスが陶器に置き換わるまでには，さらに長い年月がかかったようだ。ソーダガラスはわずかに溶解性をもっているため，容器の中の水に溶けて，薄くなったり弱くなったりするのだった。この問題は，紀元前1,300年に融剤をソーダ灰から生石灰（酸化カルシウム）に変えたことで解決された。

古代ガラスはコバルトや銅といった不純物のために青みがかった色をしたものが多かった。スズを加えると白いガラスができ，鉛とアンチモン（重金属の一種）を加えると黄色いガラスができた。アッシリア人のガラス製品には，金を加えて赤く着色したものもあるが，古代ガラス職人がどのように作製したのかは謎である。

ガラスの道具

黒曜石は，粘性が高く流動性の低い溶岩の中で形成される黒い火山ガラスである。中米のアステカ族とマヤ人は黒曜石を使って道具を作った。黒曜石の薄い断片はカミソリのようで，どんな石刃よりも鋭い。また，のみとして使えるほど十分な強度もあった。メソアメリカ文明で高度な金属製品が発達しなかったのは，このガラス技術が一因であると考える人もいる。

西暦4世紀のエジプトのボウル。古代ガラス製品は吹きガラスではなく，型に流し込んで作られる鋳造ガラスだった。

7 四大元素

　元素とは，少なくともわたしたちが目にすることのできる宇宙を構成する，純粋で分割できない固有の物質を指す。しかし，初期の元素は現代科学でいう元素とは違う意味合いをもっていた。何世代にもわたり，科学者たちによってきびしく試されてきた元素の概念は，古代ギリシアの迷信的な人々の直感から生まれたとはいえ，単なる好奇心の延長というわけでもなかった。

　土，空気，水，火を四大元素とする説は，ギリシア人が考案したものではなかった。バビロニア人や中国人，エジプト人などが，自然を構成するものは湿，乾，熱，冷といった特徴によって大まかなグループに分類できるのではないかと考えたのだ。物質界を形而上学に結びつけて扱おうとする文化は少なくなく，そのため元素といった基本的な物質も同じように超自然の力の現れと見なされていた。

　しかし，古代ギリシア人は違った。一説には，ギリシアが科学と哲学の中心地となったのは，神々がオリンポスの山頂に座ってつまらない口論をしながら，人間の存在によって提起された重要な問題についてまともな答えを出さなかったからだと考えられている。そこで，哲学者たちが神々に代わって，口伝えされたミレトスのタレス（紀元前600年頃の哲学者）の思想に基づき，観察と証拠と理論だけを用いて答えを出すことにしたのだそうだ。

　四大元素説を初めて提唱したのは，紀元前5,000年のシチリア島に住んでいたエムペドクレスという男だった。彼の思想は，その後2,200年のうちに西洋に浸透した。エムペドクレスは，「愛」の力はすべての元素を結合させようとする一方で，相反する「憎」の力はすべての元素を分離させようとする——両者の絶え間ない戦いこそ，自然界を常に変化させているものである，と唱えた。

四つの体液

　ギリシアの医師ヒポクラテスは，現代医学の祖と呼ばれている。エムペドクレスと同時代の人物で，人間の生理機能は4種の異なる液体（体液）からなると唱えた。体液は元素に類似しており，黒胆汁は土，黄胆汁は火，粘液は水，血液は空気であるという。ある体液がほかの体液よりも多くなると健康障害を起こすと信じられていた。放血など初期の治療法の多くは，これらの体液のバランスを整えるのが目的だった。

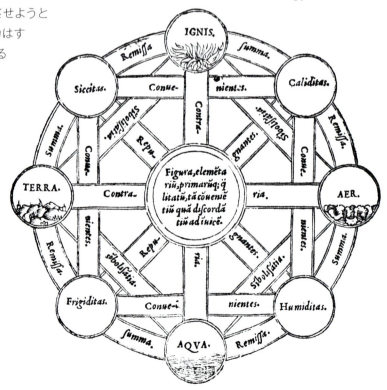

16世紀に描かれた，四大元素を支える力関係を表した図。土，空気，水，火とともに，湿，乾，熱，冷の組合せがこの編み目状の図によって表されている。

8 電気と磁気

電磁気現象は，現代化学の中心的な現象の一つである。電磁気現象は光の放出に関係するだけでなく，GPSに利用されたり，コンピュータの情報を保存する方法として利用されたりしている。わたしたちの理解する電磁気現象が，もとはといえば琥珀やゼウスの息子に端を発していると知ったら衝撃を受けることだろう。

琥珀のことをギリシア語では *elktron* といい，electricity（電気）や electron（電子）といった現代用語はこれに由来している。琥珀は樹液の塊が化石化したものであるが，ギリシア人にとって琥珀という言葉には，「太陽の光を閉じ込めた透明でオレンジ色の石」という意味があるという。紀元前4世紀，ギリシアの哲学者テオプラストスは，石とその性質についてまとめたものを書き残している。そのなかには琥珀に関する最古の記録の一つがあり，羽毛やほこりなどの軽い物質を引き寄せることのできる珍しい物として紹介されている。琥珀をこすると，ちょうど子どもの風船がセーターに引き寄せられたり，長い髪の毛が逆立ったりするように，わずかに静電気が生じて引力が現れる。2,000年以上も前のことなので，テオプラストスは詳しい解説をしていない。だが，琥珀に関するこの資料があったからこそ electromagnetism（電磁気学・電磁気現象）という言葉のなかに *electro* という文字が取り入れられているのだ。

もともと磁力のある石は天然磁石と呼ばれる。天然磁石は鉄を豊富に含む鉱物が地質の作用により緩やかに温められて形成される。その際，地球磁場は鉱物中に含まれる鉄原子を整列させるはたらきをする。一度整列した鉄原子は，その状態を保持するため磁力をもち続ける。

方位磁石

ギリシア哲学者たちが天然磁石を研究していた頃，インドでは外科医が天然磁石を使って鉄の破片で受けた傷を清めたり，中国では天然磁石を水に浮かべて初めての方位磁石を作ったりしていた。方位磁石は11世紀の航海の道具となったが，それ以前には風水や占いにも用いられていた。

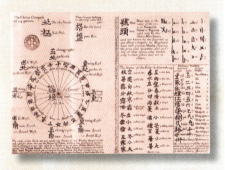

中国の航海用方位磁石を表した18世紀の図。磁石の針は水の中央に浮かばせた。

マグネシアの石

テオプラストスはほかにも，*magnitis lithos*（マグネシアの石）が互いを引き寄せるだけでなく，同等の遠ざける力をもっていることに触れている。彼が言及しているのはマグネタイト（磁鉄鉱）のことであるが，これは中央ギリシアのマグネシア地方（神話に登場するゼウスの息子，マグネスの王国）にちなんで名づけられた酸化鉄のこと。マグネシア地方は鉱物が豊富に採れたことから，マグネシウムやマンガンといった名称の語源ともなっている。磁石と電気にはなんらかのつながりがあるだろうという直感は19世紀になるまで立証されなかったが，立証されてからはわたしたちの物質に対する理解をさま変わりさせた。

9 原子論

「原子（atom）」という言葉には近代的な響きが感じられるので，原子論がまったくもって古代の理論であることは驚きである。その偉大なる提唱者は，2,400年前のギリシア哲学者デモクリトスである。彼は物質を「分割不可能な構成単位であり，無限に広がる空虚の中を移動するもの」と定義した。

原子論はデモクリトスによって提唱された学説であるが，これは自然がいかにして変化し続け，同時にその性質を維持できるのかという疑問に対する答えであった。彼の先人のなかには，変化は単なる錯覚にすぎないと提言した者たちがいた。彼ら曰く，「物質が動くためには何もない『無』であったところに移動しなければならないが，それならば『無』はどうやって『物』に変わるのか。そして，物質を分割していったらどのように『無』に置き換わるのか。」

師ミレトスのレウキッポスの教えに従ったデモクリトスにとって，その答えは簡単だった。物質は無限に分割することはできないのだ。その代わり，万物は átomos（「それ以上切れない」の意味）というきわめて小さく分割不可能な固体から構成されている。自然界のいかなる変化も，ただ原子の位置が変わったにすぎない。デモクリトスは，原子は同質である必要はなく，自然界で観察される多様な物質を説明できるような性質をもっているのだと結論づけた。粘り気のある，あるいは絡みつく原子は固体になり，滑らかな原子は流れゆく水や風になる，というように。

受け継がれたアイデア

デモクリトスは，同じ時代のほかの人々同様，自らのアイデアを裏づける証拠を見つけることができなかった。そのため，原子論は単なる推論としてのみ理解された。数十年のうちに，ギリシアの原子論はアリストテレス派哲学者によって押しのけられたが，2,200年後，原子は自然の構成要素であるとするデモクリトスの理論は，科学的証拠によって再認識されるのだった。

デモクリトスの考えすべてが正しかったわけではない。デモクリトスの考える宇宙には3層からなる同心円状の領域があった。中央の円には惑星が存在し，その周囲に天があり，それらすべてを原子で満たされた無限のカオスが取り囲んでいる。

この肖像画では泣いているようにも見えるが，デモクリトスは「笑う哲学者」として知られている。宇宙に目標や目的を見いださない，陽気な性格だった。

10 プラトン立体

プラトンはデモクリトスと同時代の人物だが，デモクリトスとはまったく異なる考えの持ち主だった。プラトンは原子論の無秩序さを否定し，デモクリトスの本を焼くとまで主張した。

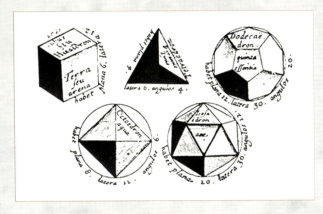

プラトンは，それぞれの元素の性質に応じて，ふさわしい形の立体を考えた。

かつてピタゴラスが唱えたように，プラトンにとって自然界で唯一不変のものは数学だった。元素は，数学の秩序および美学に必ず従うはずだと考えた。プラトンの元素はプラトン立体と呼ばれる，5種類しか存在しない正多面体によって表現された。土は正六面体，火は正四面体，空気は正八面体，そして水は正二十面体の形をなす。プラトンによれば，残りの一つは元素間の空間を満たす正十二面体だ。

11 仏教における原子論

原子の発想は，西洋に限られていたわけではない。紀元前4世紀，インドの仏教哲学においても，元素は次のように説明されていた。

四元素は仏教における第一から第四のチャクラに含まれており，第一チャクラである土から順に，水，火，空気が続く。

仏教の世界観における四元素は，ギリシアのそれと同じだった。（ただし，中国には火，水，土，金，木の5種類の元素があった。）古代インドの仏教徒は，元素は動きや堅さなどさまざまな性質をもつ基本単位「極微(ごくみ)」から構成されていると信じていた。これらの単位は，異なる組合せにより，自然界のあらゆる形態を形成するとされた。

垣間見る未来

仏教のサンスクリット語では，単体の「極微」とそれらを組み合わせた「微塵(みじん)」とを区別していた。微塵は，今日(こんにち)わたしたちが分子として理解しているものと類似している。その後の発展で，仏教の原子論は原子を構成する副次的単位に言及している——これが素粒子を示唆する最初期のものであった。

チャクラ

東洋の哲学によると，チャクラは身体に存在するつぼである。チャクラはサンスクリット語で「車輪」を意味する言葉であり，身体的領域と精神的領域とのつながりを形成する。

12 エーテル：アリストテレスの第五元素

プラトンの優秀な弟子アリストテレスは，史上もっとも影響力のある思想家の一人だ。宇宙に関する彼のアイデアは，その後 2,000 年近く支持され続けた。その理論の中心にあったのは，四元素ではなく五元素だった。

紀元前 4 世紀の中頃，アテネの壁の向こう側には，オリーブの木立に囲まれたアカデメイアと呼ばれるプラトンの学園があった。アリストテレスはアカデメイア在学中，師プラトンから元素間の空間を満たすエーテルという物質に関して学んだと思われる。プラトンがいうには，「エーテルは常に存在する。たとえ目に見えなくても，空虚との境界を決めるために，なくてはならない。」アリストテレスは，師プラトンに代わって後輩を教えるようになると，この考えを見直してエーテルは第五元素であると唱えた。

アイデアの組合せ

アリストテレスは人類に宇宙を説明した人物として何世紀ものあいだ高く評価された。だが，自分のアイデアを体系的に証明しようとしなかったのは，現代の考え方からすると不可解に思える。彼の理論は，自然の物や現象の観察に基づいていた。土，水，空気，火からなる四大元素の形態と特徴を基盤とし，地球と人類を中心に据えた，完全に調和した世界観を構築した。

アリストテレスは，自然界に見られる多くの物質は，地球上にある四つの元素がさまざまな割合で混ざることによって形成されていると信じていた。熱，乾，冷，湿はすべて，四つの元素が存在する証なのだ。木からゆるゆると立ちのぼる煙は内側から漏れ出ている空気であり，熱によって押し出された樹脂は水，そして残された灰は土の成分である。もちろん，炎は火である。流れ出る溶岩は水と火と土が混ざったものであり，いっぽう，火打ち石が火花を散らすのは，火打ち石の中の軽い火が重い土から逃げ出そうとし

天空を支えることを命じられたギリシアの神，アトラースがアリストテレスの宇宙を背負っている。それは確かに重いだろうが，今日わたしたちが理解している宇宙はこれよりもはるかに大きい。

エーテルの反証

光はいかに真空を通り抜けるのか？ その答えの一つは、何もないところにも存在するとされた媒体エーテルだった。1887年、マイケルソンとモーリーは、地球がエーテルの中を進んでいるのであれば、その影響により光線の速度はわずかに遅くなるだろうと考え、これを証明する実験を計画した。しかし、この実験でエーテルの影響を示すことはできず、エーテル説を否定する結果となった。

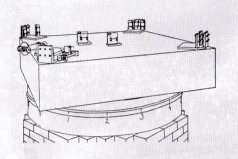

失敗したことで有名なこの実験は、一度分割した光線を再び元に戻すことにより、わずかな速度の違いを検出するものであった。

ているためである。

清らかな層

アリストテレスは自然界の出来事を突き動かす力は、元素がそれぞれの純粋な形状に戻ろうとする要求であると理論づけた。土はもっとも基本的かつ重い元素であるため、ほかの元素より下に沈んで陸や海底を形成する。次の層を形成するのは水であり、空気、火の順に続く。火山の噴火や地震、嵐による豪雨など地球上で見られるはげしい現象は、元素がそれぞれのしかるべき場所を見つけようとしている証拠と見なされた。

このように、元素は地球圏内を形成する四つの環状体を作る。これがアリストテレスの宇宙論における人間の領域であり、その範囲は月にまで及ぶ。そのさらに外側には、地球のまわりを太陽と既知の惑星五つが同心円状の階層構造に沿って運動している。そしてもっとも外側には恒星が存在する天球があり、万物を包み込んでいる。月よりも高い宇宙、つまり天の領域にあるのがエーテルであるとアリストテレスは唱えた。そこは人類の手の届かないところであり、理解の及ばぬところ。そして、より低い領域にあるほかの元素と交わることはない。この思想は、天の不変の性質により、少なくともアリストテレスにとっては証明されたも同然だった。エーテルという言葉は「清らか」「澄んでいる」というギリシア語に由来する。ちなみに、quintessential（完全な）という英語は、quintus（第五の）というラテン語が転じたものであり、古代元素のなかでもっとも純粋であるとされる第五元素エーテルに由来する。驚いたことに、目には見えないが充満しているエーテルがなくても宇宙が動くことを説明したのは、1905年にアインシュタインが唱えた特殊相対性理論であった。

明らかにされた真実

アリストテレスの理論はキリスト教世界より以前のものであるが、教会指導者らは「天地創造の仕組みを検証した結果、明らかにされた真実」としてこの考えを取り入れた。アリストテレスの唱える宇宙論は、聖書に書かれていない疑問に対する答えを提供し、それでいてキリスト教の正しい教えに反することがほとんどなかったからだ。しかし、16世紀以降、アリストテレスの理論に相反する証拠が集まるにつれ、教会は多くの偉大な科学者とそりが合わなくなった。ただし、実際に科学者たちが疑問視していたのはキリスト教の教えというよりは、むしろギリシア哲学の正当性のほうだった。1991年、バチカンはついにアリストテレスの唱えた地球中心説を否定した。

バチカン市国の教皇宮殿を飾るラファエロのフレスコ画「アナテイの学童」（1511年）。中央には、青い服をまとったアリストテレスが描かれている。

暗黒時代から中世（0〜1600年）

13 黒魔術：錬金術の誕生

化学という学問は錬金術に始まった。錬金術師は，医者と発明家と魔術師を兼ねたようなものだが，ともかく自然の本質が徹底的に研究されるようになった。

錬金術は新たに発明されたというよりも，暗闇にあったものが現れたようなものだ。錬金術（alchemy）という言葉は，ギリシア語の *chemia* をアラビア語にしたもので，*al-* はアラビア語で冠詞の the にあたる。*chemia* の語源はわかっていない。ギリシア語で「混合物」という意味の言葉が転じたものだという説もあるが，ほとんどの専門家は実際にはエジプトの土地に由来するのではないかと考えている。古代エジプト人は彼らの肥よくな土地を *khmi*（「黒い地」という意味）と呼んでいたそうだ。では，ナイル川河口のアレクサンドリアで行われていた，あやしげな活動の話を始めよう。

アレクサンドリアは，アレクサンダー大王によって建設され，その名がつけられた都市である。アレクサンダー大王はアリストテレスのもっとも有名な弟子であり，また20代にして既知の世界の大半を征服した。この立派な港市は，アテネに取って代わっ

17世紀に描かれたオランダの絵画。錬金術は非常に実践的な職業であり，理論よりも試行錯誤が優先された。

て，古典時代後期（300年頃まで）における学問の府となった。

アレクサンドリアの錬金術師のなかには後世に名を残した者もいるが，それぞれ異なる目的をもっていたことがわかっている。金属加工に優れた職人もいれば，病気に効く薬を作る薬剤師もいた。ただ，もっとも多かったのは狂気じみた神秘主義者であり，彼らはアリストテレスによって説明された四大元素をコントロールし，おそらくその過程で金持ちや権力者になる方法を探求していた。この都市の錬金術師はギリシア占星術といった形而上学はもちろんのこと，中国やペルシアの教えからも影響を受けていた。

動機がなんであれ，錬金術師は何世代もかけて便利な技術や道具を開発した。彼らは液体を蒸留して純度を調べる方法や気体を固体にする方法，金めっきの方法や染料の使い方を学んだ。その他あらゆる技術がやがて科学者によって使われるようになり，そこから元素の真の性質が明らかにされていったのである。

魔術師マーリン
錬金術師は，西洋文化のなかでは魔術師や魔法使いとして記されている。なかでももっとも有名な錬金術師は，アーサー王の助言者マーリンである。

14 秘密の知識：ジャービルの暗号

知識は力なりといわれるが，錬金術は暗黒時代でもっとも高度な技術であった。あるイスラム人の錬金術師は，新たな言葉を使って本を書き，自分の発見をひた隠しにした。

5世紀のローマ帝国崩壊後，ヨーロッパが暗黒時代に突入すると，学問の中心は拡大を続けるイスラム帝国とともに東へと移った。8世紀古代ペルシアの優れた錬金術師に，ジャービル・イブン・ハイヤーンがいた。ジャービルは，元素はさまざまに形を変えることができるというアリストテレスの教えに従い，硫黄－水銀説を作った。この説によると，硫黄は火に変形している土であり，水銀は空気になる寸前の水である。彼は，金属は硫黄と水銀の混合物なのだから，硫黄と水銀の比率を変えるだけで，銅の元素を金の元素に変えるようなこともできると信じていた。このような発見を新米の錬金術師に知られないようにするためだろうか，あるいはそうすることが重要な必要条件だと信じていたからだろうか，ジャービルの記録は難解で不可解な暗号の言葉で書かれている。こから gibberish（まったく無意味な声を出すこと）という新語が生まれた

ヨーロッパの文書では，ジャービルはラテン語名のゲーベルで

15 実用化された魔術

超自然現象との関連性を切り離すことはできないにせよ,錬金術はよくも悪くもその後の文明に影響を及ぼしたことはまちがいない。香水や陶磁器,チョコレートソースの作り方でさえ,錬金術師が発展させた技術のおかげだともいえるのだ。

14世紀,ドイツの錬金術師ベルトルド・シュバルツは,独自に火薬を発明したといわれている。

錬金術師の偉大な功績の多くは,まったく関係のない別のことに取り組んでいるときに偶然発見されたものだった。9世紀に黒色火薬を発明した中国人たちにしても,もともとは爆発物を探してはいなかった。健康によいと考えられていた硝酸カリウムに硫黄とハーブを混ぜて体を温める薬を作ろうとしていたら,爆発性の混合物ができたのだ。この偶然の産物によって,以降の戦争のやり方が永遠に変えられた。

もう少し好ましい産物もある。アレクサンドリア時代に,メアリーという,ほとんど無名のユダヤ人の錬金術師がいた。彼女の存在は,ほかの人によって書かれた文書のなかに残されているだけで,生没年もあいまいだ。(西暦100年から400年のあいだのどこかで生きていたと思われている。)彼女は,揮発性の固形分をゆっくりと均一に熱することで燃焼させずに融かすことのできる高温水槽を発明した。この水槽には,フランス語で「メアリーの浴槽」を意味するバン・マリーという名前がつけられており,今日でも,チョコレートを溶かしたりクリームカラメルを作ったりするときにもっともよく利用されている道具となっている。

また,ヘルメス゠トリスメギスという人物もいる。「三倍偉大なヘルメス」の異名をもっているとなれば,さぞかし大きな影響を残したのだろうと思う人もいるだろう。しかし,ヘルメスは実在の人物ではなく,キリスト教以前の学問と予言の要素を融合した文学上の存在である。ラテン語名のヘルメス・トリスメキストツで書いたとされるヘルメス全集は神秘的な著作であり,何世紀にもわたりセイリーン(現在のリビア北東部)からホラーサーン(現在のイラン北東部およびアフガニスタン北西部)にいた多くの錬金術師たちの心を魅了した。しかし,後世に伝えられたのは溶接密閉の概念ぐらいだ。溶接密閉は,当初ガラス製品を密閉する秘密の方法として紹介されていた。おそらくロウを使ったものだろうが,ブツブツと呪文も唱えたに違いない。今日,溶接密閉は,先端技術や身のまわりの物に利用されており,半導体作製用クリーンルームの扉からピクルスの瓶の蓋にいたるあらゆるところで見られる。

イスラム錬金術の影響

イスラムの技術は，学問に特別重要な影響をもたらした。というのも，イスラム錬金術では意味不明の呪文に頼るより，行程や結果を記録することに注目する風潮が生まれたためだと考えられる。

9世紀，アル=ラーズィーという，裕福で教養のある男がテヘラン北部の丘陵地帯に住んでいた。アル=ラーズィーはだれよりも錬金術を近代的なものへと導いた。これまでのアレクサンドリア錬金術の知識のなかでもとりわけゾシモスの知識を取り入れ，それを広大なアラブ帝国で入手可能なさまざまな材料に適用した。アル=ラーズィーは鉱物を金属体（body：可鍛性の金属），塩（salt），硫酸（vitriol：硫黄を含む），精（spirit：水銀，硫黄，ほか蒸発しやすいもの），ホウ砂（boraxe），および石（stone：通常砕けやすい造岩鉱物）に分類した。

アラビアの遺産

現在使われている化学用語のなかには，イスラム錬金術から伝来したものがいくつかある。talc（滑石），realgar（鶏冠石），cinnabar（辰砂），arsenic（ヒ素）はいずれもアラビア語かペルシア語に由来している。アル=ラーズィー自身はもっともなじみのある二つの外来語 alcohol（アルコール）と alkali（アルカリ）を伝えた。アルコールは，アル=ラーズィーがダーク・スピリッツと呼んだ，伝統的なアイメイクに使われた *kuhl* に由来する。ワインを蒸留して得られるエタノールもまた，精やエキスまたは *al kuhl* と見なされた。純粋なアルコールはハーブ油を溶かすために使われ，カイロやのちのイスタンブールといったイスラム都市が，香水の世界的な貿易中心地となった。アルカリの語源は *al qaliy* であり，アラビア語で灰に石灰を混ぜたもの（水酸化カルシウム）を指す。アル=ラーズィーは，カリ（炭酸カリウム）を石さえも溶かしてしまう腐食性の物質 sharp water（水酸化カリウム）に変える際にこの用語を用いた。

3種の粉の混合物

火薬の構成物質は硝石（硝酸カリウム），炭（ほぼ純粋な炭素），および硫黄である。これら3種の物質を粉末にしてよく混ぜると，硝酸カリウムから発生する酸素により，粉末は非常に速く燃焼して爆発音とともに高圧ガスを放出する。

火薬を作るのに必要な硝石（上），炭（中）および硫黄（下）の比率。

イスラム芸術を代表するイスラムタイルは，約1,000年前のペルシアで採鉱されたコバルト塩から作られた。この染料は広く遠方にまで売買され，上質の中国製陶器やヨーロッパの高級な青いガラス製品に用いられた。

16 新しいアプローチ

学問が栄えたイスラム世界は，四方八方から敵の攻撃を受けて崩壊し，影響力を失っていった。10世紀には，探求心にあふれるヨーロッパの人々も，物質の化学的性質を研究していた。

ジャービルやアル＝ラーズィーらの研究は，十字軍兵士によって聖地から奪い取られたか，あるいはイベリア半島の再征服の際にもち出された。彼らの研究はやがてヨーロッパの修道院にたどり着いた。修道院は，当時，読み書きのできる知識人のほとんどが拠点とする場所だった。

ロジャー・ベーコンは近代科学の先駆者の一人として名を残しており，死後は「驚嘆的博士」として知られた。漫画に出てきそうな名前だが，これはベーコンが後世の人々に残したすばらしい教えの数をたたえた呼び名である。

懐疑的な見方

ヨーロッパの修道院や初期の大学に集積された膨大な知識は，スコラ哲学として知られる新しいタイプの哲学をもたらした。スコラ哲学では，知識が，その出所となった学者の知名度によって順位づけられた。聖書の次に重要であるとされたのは，アリストテレスの著作だった。もっとも影響を与えたスコラ哲学者といえば，当時アリストテレスを熟知していたアルベルトゥス・マグヌスと呼ばれるドイツの修道士だった。1270年，ローマの教会指導者らによって，アリストテレスの元素論や自然哲学全般がはげしく非難されると，アルベルトゥスの注釈書はかつてないほど人気が出た。とはいえ，テヘラン出身の哲学者アル＝キンディーがかつてそうだったように，アルベルトゥス・マグヌスはやはりアリストテレスの理論によって予言されたような，ある元素が別の元素に変わることについては懐疑的だった。実際，錬金術師によって報告される結果については全般的に疑っていた。ただし，彼自身もいくつかの報告を残しており，銀を溶かす強力な液体（oil of fortis：現在の硝酸）の研究を記録している。アルベルトゥスは，得られた液体は彼の皮膚を黒くさせたと述べている。（ちなみにそれは，初期の写真用フィルムに使われた光

混合液を純粋な成分に分ける蒸留の行程を表した14世紀の図。たとえば，水溶液からアルコールを抽出するためには，混合液を沸騰させない程度に熱する。発生した蒸気を別の容器に集めると，濃縮された純粋なアルコールが得られる。

に敏感な化学物質（硝酸銀）を含んでいたためである。）

物質的な進歩

アルベルトゥスと同時代の英国人にロジャー・ベーコンがいた。彼は当初スコラ哲学的アプローチをとっており、アルベルトゥスの研究を支持する発言をしていた。しかし、1250年代になると考えを変え、実験的証拠よりも理論が優先されることに対し疑問を抱くようになった。彼自身の言葉に次のものがある。「火を一度も見たことのない人が申し分のない理論によって火が燃えるということを証明したとしても、聞く人の心は満足しないだろう。人は火の中に自分の手を置いてその理論が意味することを経験によって学ばない限り、火を避けることはないだろう。」

こうしてベーコンはヨーロッパの錬金術を精密な科学の道へと誘ったのだが、その成果が現れるにはまだまだ長い年月を要するのであった。

気高い科学者

バイエルンの貴族の息子アルベルトゥスは、その科学的貢献のために、ロジャー・ベーコンによってマグヌス（「偉大な」という意味）の名がつけられた。（アルベルトゥスは実際のところとても小柄で、背丈は150センチメートルに満たなかった。）アルベルトゥスは1260年に司教となり、1931年に聖人として認定された。現在は、化学の祖、大聖アルベルトゥス・マヌグスと呼ばれている。

赤い司祭のローブを身にまとい、アリストテレスの著書を読む大聖アルベルトゥス・マヌグス。

17 リトマス試験

酸の研究は、中世ヨーロッパの錬金術に新しい分野をもたらした。酸は強力な物質で、ものによっては金さえ溶かしてしまう。1300年、酸性の物質を試験する新たな方法が発見された。

酢や柑橘類の絞り汁などの弱有機酸は、何千年にもわたり知られていた。しかし、13世紀には、鉱物から得られる強力な酸がヨーロッパの錬金術師らによって再発見された。なかでももっとも興味深いのは硫酸と硝酸であり、混ぜるとアクア・レギアと呼ばれる王水ができた。この混合液は、金も溶かすことができるという当時としては魔術的な性質があった。はたして、王水はありふれた物質から金を生み出す鍵になり得たのだろうか？

1300年、カタロニアの錬金術師アルノー・ド・ヴィルヌーヴは、酸の存在と強度を試験する便利で新しい方法を考案した。リトマスゴケからつくられる紫色の染料は、酸に加えると赤くなり、酸性度が強くなるほど濃くなることを発見したのだ。同じ染料をアルカリに加えると、酸のときとは違って青色に変わった。これが初めての酸塩基指示薬リトマスとなった。

18 魔術師と魔女

中世のヨーロッパは，絶えず不幸や突然の死に直面するという，多くの人にとって生きていくのが辛い状況にあった。世論の風潮は，錬金術に嫌悪感を抱くようになった。

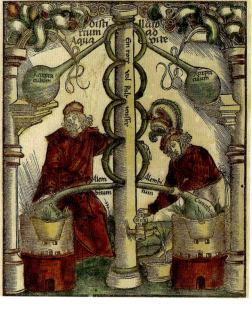

錬金術はアリストテレスの教えを信じて実践し，元素を変換させる方法を見つけることを目的としていた。しかしその裏の動機は間もなく，安価な物質を価値のある金銀に変えることに変わった。そしてこの分野の研究が2,000年近くものあいだ発展を続けて，現代化学の直接の基盤となったのだ。しかし，中世ヨーロッパの時代，錬金術から現代化学に移行する長い期間のなかで，錬金術師の研究はしだいに疑いの目で見られるようになり，人々に恐れや恐怖さえ抱かせた。

あらゆる病気を治し，飲んだ者を不死身にさえするというaqua vitae（生命の水）を集めている錬金術師たち。このような錬金術の薬には，アルコールが多く含まれていたと考えられる。今日でも，ドイツのシュナップスなどの蒸留酒をaqua vitaeと呼ぶことがある。

奇蹟の人

錬金術が登場しておよそ2,000年が経った頃，ほとんどの錬金術師は，アラブの先祖がアル・イクシルと呼んだ，卑金属を金に変える奇跡の物質を見つけることに成功の鍵があると考えていた。この物質が固体であると考えていた者たちは，それを賢者の石（philosopher's stone）と呼び，液体であると考えていた者たちは，それを霊薬（elixir）と呼ぶようになった。わずかな財産をより大きな財産に変えると請け負った詐欺師らが錬金術師の名を汚した。

錬金術師らは，こうした奇跡的な石やスピリッツ（霊薬はおそらくもっとも揮発性の高いものであった）は，その所有者に膨大な富を与えるだけでなく，不老不死になれると主張した。そうして，elixir of life（不老不死の薬）という言葉はaqua vitae（生命の水）やギリシアの女神パナケイアにちなんで名づけられたpanacea（万能薬）といった言葉とともに現代にまで伝来した。

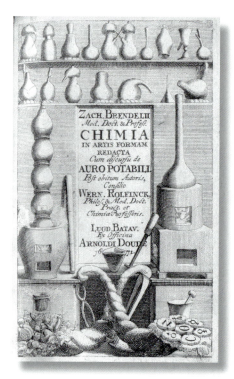

錬金術の作業場には，現代の実験室で使われるような道具があった。右下には錬金術の記号が描かれているが，これらがもととなって現代の元素記号が生まれた。

求められる奇跡

中世の時代，人々は若くして命を落とし，苦しみに満たされていた。14世紀半ば，黒死病により少なくともヨーロッパの人口の3分の1の命が奪われた。これにともない，一部の錬金術師は命が助かる方法をほのめかした。死が迫り絶望的な人にしてみれば，藁にもすがる思い

非合法化された錬金術

イングランド王ヘンリー4世は，1404年の法令で，錬金術により「増量する行為」を禁止した。「増量する行為」とは，つまり霊薬や賢者の石を精錬することである。この法律は詐欺を防ぐためのものである一方，十分な富を得た者が，王に対する反乱を起こすのを防ぐためのものでもあった。内戦を回避することに失敗したヘンリー4世の孫は優位に立つと考えてか，錬金術を一時的に許可したこともあったが，錬金術は250年間にわたり禁じられた。

であっただろう。しかし，当然のことながら錬金術の薬のなかには，さらなる苦しみを与えるだけのものや，効果のないものもあり，そういったことが錬金術師の評判を落とした。一般の人々はロジャー・ベーコンやアルベルトゥス・マグヌスが錬金術に対して批判を浴びせていることを知らなかったが，聖職者らは錬金術の実施は神に反すると人々にいうのだった。錬金術は，しばしば地元の異端的な伝統と交わることもあり，その秘術の実施はしだいに悪魔と関連づけられるようになった。錬金術師らは魔女や魔術師として恐れられ，暴かれ滅ぼされるべきだと考えられるようになった。

19 金属の性質

錬金術が迷信や邪悪な行為と見なされるにつれ，より実践的なアプローチが求められるようになった。その基準を打ち立てたのは，あるドイツ人医師だった。

錬金術で一獲千金を夢見る時代は終わり，特に金属などの便利な鉱物を集めることが重要視されるようになっていった。1556年，現在のチェコ共和国の鉱山都市出身の医師ゲオルク・バウエルは，『デ・レ・メタリカ（金属について）』と呼ばれる鉱物学の全書を出版した。彼が選んだペンネームはアグリコラ。ラテン語で「農夫」の意味があり，バウエル自身もドイツで農夫をしていた。その全書では，有効な鉱石の見つけ方や堆積物がある場所，採掘および溶融製錬の最新技術などの概説が述べられていた。アグリコラの全書だけが当時存在した唯一の技術マニュアルというわけではなかったが，200年経ってもまだ利用されていたことから，これがもっとも優れた書物であったことがわかる。

『デ・レ・メタリカ』では，たとえば掘り出した鉱石を砕いたり溶鉱炉の送風機を動かしたりするなど，鉱山を操業するにあたり水車の力を利用することを勧めている。

啓蒙時代（1600〜1800年）

20 地磁気

　1543年，ニコラウス・コペルニクスは地球を太陽のまわりの軌道に置いた地動説を唱え，アリストテレスの宇宙観を否定した。この頃，科学者らは証拠に基づいて，パズルのピースを一つ一つ組み立て直すようになっていたのだ。そんななか，ウィリアム・ギルバートは，地球そのものの研究を行った。

1600年にギルバートが出版した書物の正式名は『磁石および磁性体ならびに大磁石としての地球の生理（De Magnete, Magneticisque Corporibus, et de Magno Magnete Tellure）』である。この本には彼が地球の縮尺模型（磁性をもつテレラ）を用いて行った実験の挿絵が載っている。

　元素の物語に関わる多くの人々と同じように，英国の科学者ウィリアム・ギルバートは数奇な生涯を送った。大学の事務官や天文学者，それにエリザベス1世の侍医を務めたが，電気の父として名を残している。electricity（電気）という言葉は，琥珀（ギリシア語でelektron）のように物を引きつける特性が見られる現象を指して彼が作った言葉であるといわれている。

磁石について

　しかし，ギルバートの代表作は1600年に出版された『磁石論（De Magnete）』であろう。この本のなかで，彼は地球全体が磁石であることを示した。二つの磁石が反対の極で引き合うように，方位磁針の針は地球の極に引き寄せられて北と南を指す。ギル

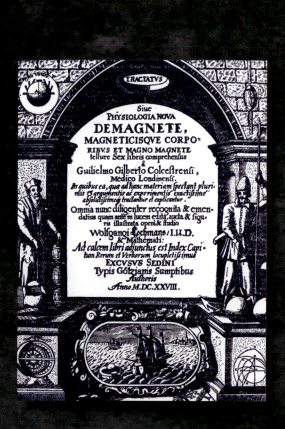

バートは，天然磁石を彫って作った小さな地球の模型（テレラ）を使ってこれを証明した。この模型の表面に方位磁針を置くと，地球そのものに置いたときと同じ動きをするのだった。

ギルバートは，岩で覆われた地球の内側には巨大な磁場が生じていることを正しく指摘した最初の人物である。磁気作用に関する彼の研究によって，元素同士を結合させておく力を理解しようとする動きが始まった。

21 フランシス・ベーコンの新たな手法

この時代の自然哲学者たちはまだ科学者とはいえないが，それでも証拠に基づいて宇宙の理解を深めようという動きは始まっていた。やがてある英国人の法学者が新たな研究方法を提案し，それが最初の科学的手法となった。

フランシス・ベーコンは実際に手を動かして実験をする研究者というよりも，新しい提案を行うアイデアマンだった。彼の人生は波瀾万丈で，法廷弁護士や政治家，エリザベス1世とその後継者ジェームズ1世（1603年）の延臣を務めるまで出世したが，歳を取ってからは，そんな輝かしい人生から転落した。1621年に汚職の嫌疑を受け，ロンドン塔に閉じこめられたのだ。晩年の数年間は世間の目に触れることもなく，死後は王の愛人だったと噂された。

今日，ベーコンは科学において貴重な貢献をしたことで名が知られている。1620年，ベーコンは『ノヴム・オルガヌム（新機関）』を出版し，アリストテレスの論理よりも有効だと主張する論理の展開方法を概説した。ベーコンが提案する帰納法では，まずできるだけ簡単な用語を使うことで，用語を説明する手間を省いた。また，ベーコンはアリストテレスやほかのギリシア哲学者らによって提示された三段論法を廃止することを提案した。演繹的に論理を展開する彼らの論法では，二つの前提を組み合わせることにより真実に到達する。たとえば，1）すべての人間はいつか死ぬ，2）フランシス・ベーコンは人間である，ゆえにフランシス・ベーコンはいつか死ぬ。演繹法は前提が正しい限りうまくいくが，前提に一つでも誤りがあると，誤った結論が次々と導かれてしまう。そこでベーコンが提案したのが帰納的推論だった。この場合，観察された事例から結論が提案される。演繹法のように前提が自動的に正しいとされるのではなく，試験や実験によって真実か偽りかを示さなければならない。ベーコンの研究は大きな影響をもち，きたる科学革命を呼び覚ました。

フランシス・ベーコンの著書『ノヴム・オルガヌム（新機関）』は，アリストテレスの論理学書『オルガノン（道具）』に対抗して題名がつけられた。

上級弁護士

英国連邦（かつての大英帝国）では，最上級弁護士は王室顧問弁護士（国王が女性のときはQueen's Councel，男性のときはKing's Councel）に指名される。フランシス・ベーコンは1597年に初代王室顧問弁護士（QC）となったが，これはより権力のある地位に昇格できなかったことが影響していると考えられている。

22 ロバート・ボイル：『懐疑的化学者』

新たな科学的手法が生まれ，錬金術は暗闇から脱してついに科学として確立された。その道を開いたのは，ある男による空気の性質に関する体系的な説明だった。

ロバート・ボイルは，フランシス・ベーコンが科学的手法に関する独創的な研究を本にした頃に生まれた人物である。ボイルは，化学研究を系統的に解説するにあたり，もっとも秀でた人物だったといえるだろう。1661年に出版されたボイルの著書『懐疑的化学者』は，れっきとした思想を汚す矛盾点やまちがいを指摘することによって，錬金術のまやかしや迷信を払拭した。ボイルおよび同年代のドニ・パパンやロバート・フック，それにアイザック・ニュートンが行った研究も，錬金術を化学と呼ばれる新たな分野，すなわち物質を対象とした厳密な科学的研究に変えるために貢献した。

ボイルは，ほかの多くの人の主張と同様に，自然は四大元素よりも多くのものから構成されていると考えていた。それでも，やはり物質の変換を信じており，鉄から金を作る方法の探求を続けた。ただし，物質変換は超常現象によって影響を受けるという考えには反対で，ほかの現象同様，物質変換についても科学的な研究を行うべきだと強く主張した。（そして250年後，ボイルの望んだ形ではなかったかもしれないが，放射能によって物質変換が可能であることが実際に発見されることとなる。）

空気ポンプの実験

ロバート・ボイルはアイルランドに住む英国人貴族の息子として生まれ，最高の教育を受けて少年期と青年期を過ごした。しかし，1640年代に起きたイングランド内戦により，王党派であった彼の家族の生活は若干苦しくなった。とはいえそれでも不自由なく暮らし，大富豪ではなかったがロンドンに研究室を設立することはできた。

ボイルはロバート・フックを助手に雇い，ドイツ人のオットー・フォン・ゲーリケによって近頃発明されたタイプのポン

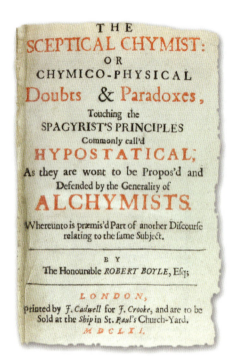

ロバート・ボイルの著書『懐疑的化学者』の標題紙。

プの製作を任せた。そのポンプは容器内の空気を取り出して真空を作ることができるものだった。（若いフックはこの先，科学で長いキャリアを積むことになる。生体の細胞を発見して cell（細胞）と名づけたことや，弾性に関するフックの法則でも知られている。）

17世紀の多くの科学者と同じように，ボイルは，空気を単一の物質であると考えていた。（もちろん，実際には空気は複数の気体の混合物である。）ボイルの行った初期実験では，空気がなければ音が伝わらないこと，物が燃えないこと，および動植物は生きられないことが示された。

ボイルが行った空気と真空に関するの実験の図から，特別な目的のために密封されたガラス容器が作られたことがわかる。左の図は，真空中で羽根が落ちているようすが描かれている。

この空気ポンプの実験では，ボイルの名をもっとも有名にしたボイルの法則を発見するという結果が得られた。ボイルの法則は，気体の圧力は体積に反比例すると述べたものである。つまり，ある量の気体をより小さな体積にすると，その気体の圧力は増す。これはむしろ直感的にわかる事実かもしれないが，気体の性質を説明する法則の一つとして原子説の基礎を築いた。

ロバート・ボイル（右）とフランス人の助手ドニ・パパン。二人の背後には，彼らの有名な球状の空気ポンプが置かれている。

空気の性質

ロバート・ボイルは，空気は微粒子から形成されており，その微小な粒子はあらゆる方向に動き，容器の壁に衝突するまで互いに当たって，跳ね返ったり散らばったりしているという考えを進めた。このようにふるまう物質はいずれも「空気」として知られた。（「気体」という言葉はまだ一般に使われていなかった。）しかし，ボイルは空気にもさまざまな性質があることに気づいた。たとえば，無機酸に金属を入れたときにブクブクと出てくる空気は，ロウソクを入れると燃える。通常なら，ロウソクは空気を燃やさない。その違いは，サンプルの純度のためであると考えられた。室内の空気は不純だが，金属から発生した空気は純粋だというわけだ。（実際のところ，ロウソクで燃えたのは水素である。）当時は悪い空気が病気の原因であると考えられていたが，ボイルが病弱だったのは，むしろ研究している物質をことごとく味見する癖があったからだと考える方が納得がいく。

秘密の団体

ロバート・ボイルは，化学者グループの主要人物であった。彼らは集まって互いの研究を議論したり問題解決の手伝いをしたりした。しかし，のちの科学的団体は知識を広めるために設立されたのに対し，ボイルのグループはむしろ秘密的だった。錬金術の習慣が根強く残っていたのだった。

23 リン：光を運ぶもの

17世紀になっても，元素の概念は古代ギリシアの時代に唱えられたものからさほど変化していなかった。そんななか，最後の錬金術師の一人が，驚くべき発見をした。

現代化学では，自然界にはおよそ90種の元素が存在することが知られている。金や銅，硫黄などなじみのある多くの元素には，これといった発見者がいなかった。しかし，ドイツ北部ハンブルク出身のヘニッヒ・ブラントが変化をもたらした。ブラントはガラス職人，商人，錬金術師であったが，1669年にリンを発見し，新元素を発見した人物として歴史上初めてその名を残したのだ。

不思議な光

もちろん，ブラントは自分がしたことが信じられなかった。1500年代のパラケルススなどの先人たちは，土や火，水，空気といった元素でなくても，「硫黄と水銀と塩は物質の生成に影響を及ぼすはたらきをもつ」とする三原質の考えを推し進めていた。ロバート・ボイルはパラケルススの複雑な理論を払いのけたが，四つよりも多くの元素が存在するはずだという考えには賛成した。これは科学がやがて明らかにしていく。

ヘニッヒ・ブラントの生涯と経歴についてはほとんど知られていないので，彼が最先端の議論に精通していたのかどうかはわからない。たとえ学識があったとしても，彼が何を考えていたのかを想像するのは

ブラントがフラスコの中で作った光は，リンが空気中の酸素と反応するときに生じるものだった。ロバート・ボイルは密閉したフラスコ内のリンは，（酸素の消耗とともに）しだいに発光しなくなることを発見した。

なかなか難しい。ともあれ，彼は桶に入れた尿を数時間から数日間煮詰めた結果，残留物が暗闇で光り出すことを発見した。彼は，それを「驚異的な発光体（phosphorus mirabilis）」と呼んだ。この光る不思議な白い粉で，賢者の石の研究は完成したと思ったに違いない。

元素の作り方

ブラントは自身の驚くべき発見と，その製法を発表した。彼は 100 グラムに満たないリンを得るのに 1,000 リットル以上もの尿を使用したと考えられている。まず，十分な悪臭が漂うまで尿を腐敗させてからペースト状になるまで煮詰め，赤い油分を蒸留し，残りを黒い多孔質の物質と白い塩に分解する。塩は廃棄し，油分と多孔質の物質を再び混ぜて 16 時間加熱する。彼は蒸気を水に通した。おそらく，金が出てくることを期待してのことだろう。しかし，彼が得たのはリンだった。（尿はもともとリンと酸素の化合物が豊富である。）現代の分析によれば，彼が白い塩を使っていたらより高い回収率でリンを得られたはずだった。それに，尿を腐敗させる必要はなく，新鮮な尿で構わなかった。

リンと金星

リン（phosphorus）という名前は，もともと古代ギリシア人が夜明けを運ぶ「明けの明星」を指して使っていた。「宵の明星」はその兄弟となる星で，まったく別に存在するものであると考えられていた。今ではこの二つの星はともに金星であることがわかっている。空で非常に明るく輝くのは，分厚い雲に覆われているためである。その雲の内側にある惑星は，まるで地獄の大鍋のように，非常に高温の酸性雨が降れば金属の雪も降る。

24 金属の増量

1689 年，ロバート・ボイルが錬金術禁止令の撤廃を英国議会に勧めたとき，アイザック・ニュートンは不審に思った。古い友人が，金を増量しようとしていると確信したのだ。

無血革命とも呼ばれたイギリス革命の翌年にあたる 1689 年，ジェームズ 2 世の娘メアリーと，メアリーの夫でオランダの貴族ウィリアム・オレンジが王位を継承することとなり，金や銀を増やそうとする行為を禁じる法律の廃止が決定した。錬金術の法規制が撤廃されたことは，ニュートンの好奇心をそそったが，ほかにも王室による鉱山の独占に終止符が打たれ，誰もが干渉されることなく卑金属を取り出せるようになった。（ただし，誰かが金か銀を掘り当てたら，国王一座がやってくるのだった。）結果，とりわけ鉄と真ちゅう（銅と亜鉛の合金）の金属工業がにわかに景気づき，技術の開発はわずか数十年後に産業革命へと発展した。

結局，ボイルが金を増量するのではないかというニュートンの疑念は杞憂に終わった。（このようなことはしばしばあった。）しかし，哲学者ジョン・ロックによれば，ボイルは他界する前，銀を金に変えたという不思議な赤土を確かにニュートンに与えたという。ただし，本当に金に変わったかについての記録は何も残されていない。

25 ロンドン大火

1660年，世界で初めてとなる科学のための公式機関として，英国王立協会が創立した。6年後の大火でロンドンが焼け落ちたとき，協会の会議室はかろうじて焼け残ったが，皮肉にも当時の会員の誰一人として「火」が何であるのかを説明できなかった。

古典的に，「火」は混合物から放出されたときだけ見ることのできる物質であると考えられていた。パラケルススは，このアイデアをさらに発展させ，たとえば1660年代に見られたロンドンの木造住宅など，物が燃える理由はそれらが硫黄を含んでいるからであると述べた。燃焼という反応に空気が関与するとは考えられておらず，空気は熱と炎を通す媒質でしかなかった。いっぽう，水は火を阻害するものとして考えられていた。

指摘される矛盾点

この理論は長年および金属工に疑問視されていた。もし火が「放出されている物質」だとしたら，なぜ金属は高温で熱すると重くなるのか，というのだ。（今では酸素が金属と反応するため総重量が増えることがわかっている。）

一つの答えをドイツの医師ヨハン・ヨアヒム・ベッチャーが出した。ロンドン大火の翌年，彼はフロギストン（ギリシア語で「燃焼」の意）と呼ばれる物質が燃焼するときに放出されると唱えた。それならなぜ金属は燃焼すると重量が増すのかという反論に対しては，仰天するような結論を導いた。フロギストンは無よりも重量が軽いので，物質から放出されると物質が重くなるというのだ。

1666年のロンドン大火は，パン屋から火の手が上がった。王立協会の秘書ロバート・フックは，大火の原因となったプディングレーン通りに記念塔を建てた。この記念塔は1本の柱の形をしており，望遠鏡としての機能もある。

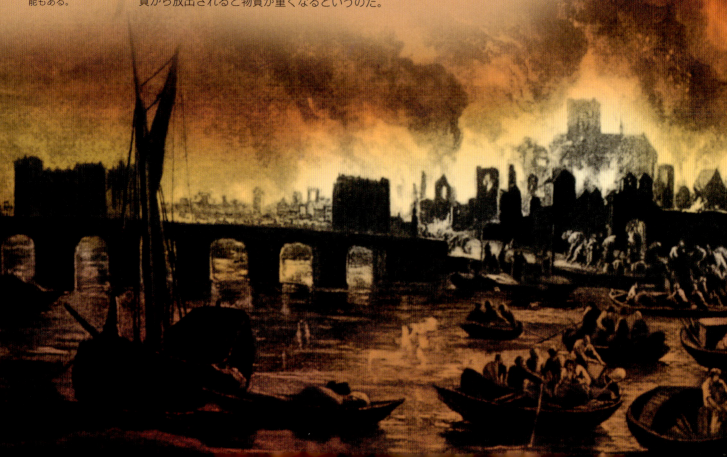

26 温度を計る

科学には正確さが求められる。それゆえ火やフロギストン，あるいは熱を発生するものはなんでも測定しなければならなくなった。温度測定の技術は1700年代に急速に発達し，きちんとした単位が求められるようになった。

温度計を発明した人物はわかっていない。温度計は，液体が温められたときに膨張し，冷却されたときに収縮するという原理を利用している。この事実は1世紀，アレクサンドリアの英雄によってすでに知られていたものの，機能的な温度計が出現したのは17世紀初頭になってからのことだった。それは水を利用した温度計だった。それまで温度を測定したり比較したりするために使う温度目盛りはまちまちだったが，1724年になってようやく，ガブリエル・ダニエル・ファーレンハイトによって実用的な目盛りが開発された。

ファーレンハイトはアルコールと水銀の温度計を発明したガラス工である。温度計の目盛りは，測定範囲が一定で読み取りやすいように考えられ，新しく作られた温度計の校正を行うことができた。また，日常的に使用できるように，温度計の上限温度と下限温度を標準的な温度に設定する必要があった。ファーレンハイトは上限温度に人間の体温（華氏96度）を選び，氷と水と塩化アンモニウムを混ぜて得られる一定温度を下限温度（華氏0度）に選んだ。1742年には，アンデルス・セルシウスが水の融点と沸点を基準とした，より簡単な目盛りを考案した。この目盛りは現在も世界の大半の国々で使われており，すべての科学分野においてセルシウスの単位（摂氏，℃）が使われている。

水銀温度計

ファーレンハイトの目盛りはニュートンが提案した温度計によく似ていた。しかし，ファーレンハイトは温度計に水銀を用いたことで成功した。水銀は少量でも膨張するので，測定器を巨大にする必要がなかったのだ。また，水銀の膨張率は非常に安定しており，温度の上昇に比例して体積が増す。（ほかの液体では，そのときの温度によって膨張率はまちまちだった。）水銀温度計は，デジタル温度計が開発されるまで，もっとも正確な温度計であり続けた。

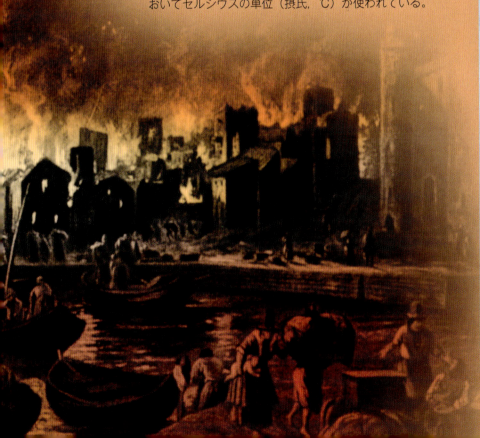

27 電気を蓄える

18世紀，電気の研究は大きな壁に直面していた。原始的な発電機で火花を作ることはできても，この謎の「電気的な液体」を蓄える方法がなかったのだ。

オットー・フォン・ゲーリケの発明品の一つである真空ポンプは，ロバート・ボイルの空気に関する発見を助け，今や電磁気学の分野を支える役割を果たしている。1660年，フォン・ゲーリケは，木製の柄で硫黄玉を回転させる静電気発電機を作製した。この硫黄玉は，手で回転させると，琥珀のように物体を引きつけて小さな火花を放出させることができた。

このような「摩擦起電機」（のちのモデルでは硫黄の代わりにガラスを使用）は，概しておもちゃだった。1740年代に流行したパーティーの余興に「電気キス」があった。一人は踏み台の上に立って地面から絶縁し，発電機で帯電される。パートナーが軽くキスをするだけで，静電気が放出され，カップルのあいだに文字通り火花が散る。

1745年，エワルド・ジョージ・フォン・クライストは2枚の銀箔をそれぞれ広口瓶の内側と外側に貼りつけた。内側の銀箔は発電機に接続し，外側の銀箔は地面につないだ。内側に発生した電気は，2枚の銀箔を接触させると放電された。最初，クライストはこの実験を素手で行ったが，命を落とさなかったのは幸いだった。ピーテル・ファン・ミュッセンブルークによって作られた同様の装置は翌年オランダのライデン大学で発表され，「ライデン瓶」として知られるようになった。ライデン瓶は約60年間，主な電源として使われた。

18世紀，電気は液体だと考えられていたため，瓶に入れるのがふさわしいとされた。電荷は瓶の内側の広い表面上に蓄えられるが，これは近代電子工学でいう蓄電器の役割を果たした。

液体理論

たとえば琥珀とガラスが反発するように，電荷をもつ物質は互いに退け合うことが知られており，これらの物質は2種類の電気的液体を含んでいると考えられていた。ベンジャミン・フランクリンは，一方の物質は液体を失い，もう一方の物質は液体を得るのだと提唱し，正電荷と負電荷の概念を紹介した。バッテリー（battery：多装ミサイル発射台という意味もある）という言葉を作ったのもフランクリンである。フランクリンは，多装ミサイル発射台になぞらえて，ライデン瓶一式を説明するためにこの言葉を使った。

ベンジャミン・フランクリンは，1752年に雷の中の電気を使ってライデン瓶を帯電させる実験を行ったが，幸いにも命を落とすことはなかった。

28 固定空気

腎臓結石の治療法を探していたスコットランドの医師は，偶然にも新しい種類の空気を発見した。彼が「固定空気」と名づけたその気体は，今日でいう二酸化炭素だった。

1750年代，ジョゼフ・ブラックは医学訓練のために論文を調査していたところ，二酸化炭素を発見した。ブラックは化学に興味をもち，腎臓結石や胆石を溶かすことのできる鉱物溶剤を探していた。生石灰なら腎臓結石や胆石を溶かせることは知られていたが，飲めば体に害が及ぶためだった。

固定空気の放出

そこでブラックは，当時「温和アルカリ」と呼ばれていた，より作用の穏やかなマグネシアアルバ（炭酸マグネシウム）に着目した。腎臓結石にはまったく効果を示さなかったが，下剤や制酸剤としての効能はブラックが記録に残している。いずれにしても，この若いスコットランド人は，その白い粉に酸を加えると発生する「空気」に興味をそそられた。（酸と炭酸塩の反応では必ず二酸化炭素が発生する。）彼はマグネシアアルバを熱した後にできる結晶は，見た目は同じようだが，酸を加えてももはや泡を発生しないことを発見した。（炭酸塩は加熱により酸化物と二酸化炭素に分解されたのだ。）

ブラックは加熱により放出された空気をうまく回収することができなかったため，代わりに炭酸塩の粉末と酸を混ぜる前の重量を量り，それらを混ぜて「固定空気」が放出されたあとの重量と比較した。結果，この反応で重量が失われることが示された。

一般的な物質

ブラックは石灰石（炭酸カルシウム）などほかの温和アルカリも同様に固定空気を発生することを知っていた。そして，放出された固定空気は実際に同じ物質であることを示した。いずれも石灰水（水酸化カルシウム水溶液）と混ぜると，液体を白く濁らせるのだ。（二酸化炭素が炭酸カルシウムを生成し，小さな固体の粒ができるため。）燃焼や吐息，発酵などで放出された空気でもやはり同じ結果となり，ブラックは，一つの物質が複数の材料から生成されうることを示した最初の人となった。

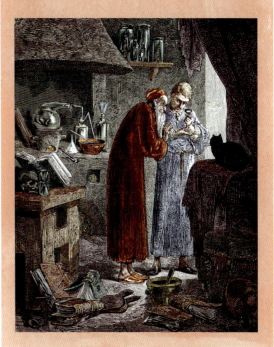

森の魂

二酸化炭素の最古の記録は，ベルギー人のヤン・バプティスタ・ファン・ヘルモントに由来する（下図に，錬金術師から必需品を集めている姿が描かれている）。彼は木炭が燃えた後に残る灰が，もとの燃料よりもはるかに軽いことに気づいた。ファン・ヘルモントは，放出された「空気」を集め，*spiritis sylvestris*（野生の気）と呼んだ。また，ヘルモントは gas（ガス）という言葉も作ったが，これは chaos（カオス）にちなんで命名したのではないかと考えられている。

29 潜熱の発見

ジョゼフ・ブラックが行った固定空気の研究は，熱に関する彼自身の研究によってかすめられた。ブラックは，今では熱力学と呼ばれる科学の基礎を形成したのだ。

晩年のジョゼフ・ブラックは，昼間は医師としてはたらいていたが，やがて物質に対する熱（と冷たさ）の影響に興味を抱くようになった。そして，水が氷や水蒸気に変化する方法を自らの研究テーマとした。

隠れた熱

熱を加えると氷は融け，水が沸騰することはよく理解されていた。しかし，ブラックは，氷を熱すると融けて水が増えていくのに，温度は上昇しないことに気づいた。同様に，沸騰している水の温度は，いくら加熱し続けてもそれ以上は上がらない。水は一定の温度のまま水蒸気になるだけだ。

ブラックは，熱エネルギーはただ物を熱くするだけでなく，固体から液体，液体から気体に変化するためにも使われていると結論づけた。たとえばすべての氷が融けてしまったときのように，サンプルの状態が完全に変化したら，熱を加えることによって再び温度は上昇する。彼はこの状態変化に必要とされる熱を「潜熱」と呼んだ。融解の潜熱は物質を融かすのに必要で，気化の潜熱は蒸発させるのに必要となる。また，ブラックは理解してはいなかったが，この行程は逆でもまったく同じことがいえる。潜熱が加えられると氷が融け，同量の潜熱が失われると水が凍る。したがって，凝固点において，水は氷の状態に変わるにつれ熱を放出しているために温度が一定に保たれるのである。

ジョゼフ・ブラックは学部生としてエディンバラ大学に通い，グラスゴー大学で医学教授を務めた。どちらの大学もスコットランドにあり，ブラックの名を冠した化学施設を有している。

氷山はなぜ水に浮くのか

水はとてもありふれた物質なので，実は，非常に特異な物質であるということは信じがたい。その変わった特徴の一つに，氷は水よりも密度が低いことがある。ほかのたいていの物は凍ると密度が高くなる。しかし，水は氷になるときに分子間の距離を広げて，規則的な配列で結合するのだ。したがって，水が大量にあれば，氷は浮き，水は上から下へと凍っていくことになる。もし氷が沈んでいたら，ほとんどの海底は永久に凍りつき，地球の自然はまったく違うものになっていたことだろう。

熱容量

ブラックの発見はこれだけではなかった。主に液体が多いが，物質のなかには，同じように熱してもほかの物質よりもゆっくりと温度が上がるものがあることに気づいたのだ。彼はこの特徴を決めるものを「熱容量」と呼び，水はアルコールなどほかの液体と比較して高い熱容量をもつと記録している。友人で同僚のスコットランド人ジェイムズ・ワットは，この熱容量の概念を用いて蒸気エンジンの効率を大幅に改善した。主に，沸騰と凝縮の行程を分離することによりこれを成し遂げた。初期の設計では，水の加熱と冷却を同じ容器内で繰り返していたので，加熱しなおすたびに時間と熱が無駄になっていたのだ。

30 燃える空気：水素

水素は宇宙でもっとも豊富な元素であるが，1766年までその実態は知られていなかった。やがて，酸と鉄が反応すると発生する泡が可燃性の気体であることをヘンリー・キャヴェンディッシュが発見した。

ヘンリー・キャヴェンディッシュは科学的な才能に恵まれた一族に生まれ，父親もまた一流の化学者だった。ヘンリー青年は父親の家の中に実験室を建てることができた。水素を集める実験器具の一つには，金属の削りくずを酸の中で熱し，発生した気体を水中の容器に入れるものがあった。

　高校の化学の授業で最初に行う実験の一つに，金属片を酸に加えたときの反応を観察するというものがある。すると，たくさんの泡が出てくるので，この気体を少量とって火を近づけるとポンと音を立てて燃える。これが水素だ。今でこそ，酸と金属が反応して水素が発生したといえばすむが，初期の化学者たちにとっては，それほど簡単な話ではなかった。銅や銀，鉄など身近にあった金属のなかで，実際にそのような反応を示すのは鉄だけだった。（今日，化学の授業で一般に使用されるマグネシウムは，当時はまだ発見されていなかった。）

　1660年代，ロバート・ボイルは酸の中の鉄くずから発生する空気が燃えやすいことをすでに発見していたが，ヘンリー・キャヴェンディッシュがこの空気は単離可能な物質であると気づくまではさらに1世紀を要した。彼はこれを「燃える空気」と呼び，この軽量の物質は，当時，火の源であると考えられていた「フロギストン」だと提唱した。

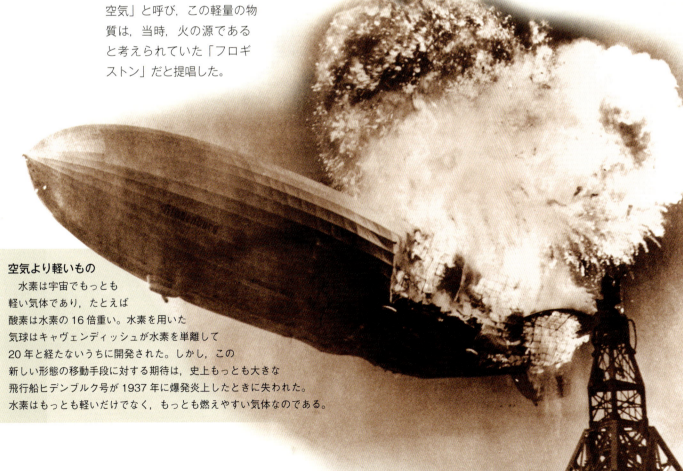

空気より軽いもの
　水素は宇宙でもっとも軽い気体であり，たとえば酸素は水素の16倍重い。水素を用いた気球はキャヴェンディッシュが水素を単離して20年と経たないうちに開発された。しかし，この新しい形態の移動手段に対する期待は，史上もっとも大きな飛行船ヒデンブルク号が1937年に爆発炎上したときに失われた。水素はもっとも軽いだけでなく，もっとも燃えやすい気体なのである。

31 フロギストン空気

燃焼におけるフロギストン説によれば，空気は燃えている物質からフロギストンと呼ばれる謎の物質を吸収することによって燃焼を促す。ダニエル・ラザフォードが新しい気体を発見したのは，ブラックの提唱する「固定空気」が燃焼においてどのような役割を果たすのかを調査していたときだった。

18世紀，生命は「よい空気」を吸うことにより維持され，よい空気はなんらかの形で「悪い空気」に変えられて吐き出されるという概念が一般的に知られていた。ラザフォードは，ジョゼフ・ブラックのいう固定空気（二酸化炭素）は悪い空気であると正しく結論づけていた。実際，ブラックは生物が息として固定空気を吐いており，その中では炎が消えることを示していた。1772年にラザフォードは次のような実験を行った。まず瓶の中にネズミを入れて，固定空気のサンプルを用意した。それから，そのサンプルの中でロウソクを燃やし，残っていたよい空気を取り除いた。次に，ブラックが行ったように，石灰水に通して泡立てることで固定空気を取り除いた。これで悪い空気を再び「よい空気」に戻せるだろうと考えたのだ。しかし，残った気体の中で，ロウソクの火はやはり消えてしまった。この現象を説明するために，ラザフォードはフロギストン説に戻り，作ったサンプルを「フロギストン空気」と名づけ，このサンプルはフロギストンで飽和されているのでこれ以上燃焼することができなくなったのだと結論づけた。実際のところ，彼が発見したのは空気の主成分であった。この不活性ガスが，今でいう「窒素」だ。

32 ジョゼフ・プリーストリー：気体化学の父

気体や空気を研究していた科学者らは，「気体化学者」として知られるようになる。次に名を上げたのはジョゼフ・プリーストリーだった。牧師でもあり化学者でもあった彼は，現在は酸素として知られている物質を発見したが，政治的，宗教的な対立により自国から追放されることとなった。

ジョゼフ・プリーストリーの研究は後世まで影響を与えた。特定の植物から採れる乳白色の液体（ラテックス）を固めたものを使って，鉛筆書きをこすり消せる（rub out）ことに気づいたのはプリーストリーだった。「ゴム」の英語（rubber）はこれに由来する。

ジョゼフ・プリーストリーの最初の任務は長老派協会の牧師だった。偉大な演説家ではなかったが，説教を行い，そのなかで革命寸前にある米国の独立を支持する議論を行った。歯に衣着せぬ物言いをするプリーストリーは，牧師として人気があるとはいえなかった。新しい信徒を探して引っ越しをすることもしょっちゅうあったが，そうしているあいだも実験化学に対する趣味は常にもち続けていた。

泡での成功

1770年，プリーストリーはイングランド北部のリーズに引っ越した。隣には醸造所があった。醸造の要となる発酵工程では，近頃ジョゼフ・ブラックによって説明された固定空気が生成される。プリーストリーは，この気体が水に溶けると清涼感のある発泡性の飲料になることを発見した。このソーダ水の発明により，プリーストリーは科学界のトップにのぼりつめ，シェルバーン伯の科学司書兼顧問として雇われた。

新しい職に就くと，さらに空気化学を研究する時間ができた。初期には，硝石空気（硝酸が特定の金属と反応することで発生する気体）の研究にのめり込んだ。プリーストリーは分離した無色の空気の一つを「脱フロギストン化硝石空気」と呼んだ。どうやら普通の空気から「良度」（酸素）が取り除かれたようで，火を勢いよく燃やすことはできなかった。この気体は，亜酸化窒素または笑気と呼ばれるものであり，実際に炎の中では空気中の酸素と反応して燃えていた。

その後の盛衰

1774年，プリーストリーは酸化水銀を加熱することによって別の空気を収集することにも成功していた。この気体はロウソクをさらに明るく燃やし，くすぶっている木炭を燃え上がらせた。この気体は燃焼を促す（当時の理論によれば，燃焼している物質からフロギストンを吸収する）ことから，彼はこれを「脱フロギストン化空気」と呼んだ。プリーストリーは自身の研究を偉大なフランスの化学者アントワーヌ・ラヴォワジエに報告すると，間もなくラヴォワジエはこの新しい気体を「酸素（oxygen）」と改名した。

シェルバーン伯のもとではたらくことをやめたあと，プリーストリーはすぐに苦境に立たされた。米国が負け，フランスは革命中とあって，非国教徒のプリーストリーは英国の国家主義者から非難されるようになったのだ。やむなく，1794年にペンシルベニア州へ引っ越し，そこで四つ目にして最後となる気体の発見をした。それが一酸化炭素であった。一酸化炭素は特徴的な青い炎で燃える。

プリーストリーの著書『さまざまな種類の空気に関する実験と観察 (Experiments and Observation on Different Kinds of Air)』にある版画には，気体の研究に使用された器具が描かれている。

1791年，暴徒がバーミンガムにあるプリーストリーの家を焼き崩した。バーミンガムに住んでいるあいだ，プリーストリーはルナーソサエティ（ジョサイア・ウェッジウッド，ジェイムズ・ワット，エラズマス・ダーウィンらがいた実業家や科学者のための交流団体）に参加していた。

> **ソーダ水**
>
> プリーストリーのソーダ水に商業的可能性を見いだした人物は，ドイツの宝石商ヨハン・ヤコブ・シュウェッペだった。彼は1783年，ジュネーブに初めての炭酸ミネラルウォーター工場を開いた。以来，シュウェップス(Schweppes)の名前は，ソーダ水のブランドとして知れ渡っている。

33 シェーレ：知られざる発見者

1770年代，パリやロンドンで行われていた科学集会から遠く離れたスウェーデンで，薬剤師のカール・シェーレは化学を前進させる多くの発見をした。ただし，その栄誉をほかの人に奪われることもたびたびあった。

当時，酸素の分離と調査を巡りプリーストリーとラヴォワジエがはげしく対立していたが，酸素はカール・シェーレが1772年にすでに発見していたと考えられている。ただ，シェーレはそのことについて誰にも話さなかった。ようやく研究を発表したときには，彼のいう「火の空気」の性質は，すでにほかの者たちによって十分明らかにされていた。

シェーレは，裕福なライバルの科学者たちからはとりあってもらえなかったが，まるっきり忘れ去られたわけではない。1821年にスウェーデンで発見されたタングステンを主に含む鉱石には，彼をたたえてシェーライト（灰重石）の名がつけられた。

火の空気の発見

プリーストリー同様，シェーレは「硝石空気」すなわち硝酸から放出される気体を研究することによって酸素を得た。彼はフロギストン説に基づき，「火の空気」と呼ばれる空気中の成分が，物質中のフロギストンと結合して燃焼することにより熱が放出されると考えた。そして，硝酸も熱も金属に同様の影響を与え，金属を同じ「土」（現代でいう酸化物）に変えることに気づいた。シェーレの仮説によると，熱は金属中のフロギストンが火の空気と結合した結果生じる。火も酸も同じ作用があることから，おそらく硝酸はこのプロセスを逆にすることができ，熱からフロギストンを取り出して火の空気だけを残せるかもしれないと考えた。

科学上の先見の明ともいえるが，偶然にも，シェーレは液体の硝酸を固体（硝酸カリウム）にしてから加熱し，発生した気体をくまなく回収した。そして硝石から出た余分な気体を水酸化カルシウムという化学物質によって吸収させることで，純粋な火の空気（酸素）のサンプルを初めて得ることができた。

その他の研究

シェーレは気体化学の研究者であったが，もっとも多くの元素を発見した一人でもあった。ただし，それらの元素についてよく理解してはいなかった。このスウェーデン人は1774年にバリウム，1778年にモリブデン，1781年にタングステンを造岩鉱物から発見した。1774年には塩素ガスも発生させているが，この発見は37年後にこのガスが元素であることを証明したハンフリー・デイヴィーの功績とされることが多い。

タングステンの物語

タングステンという名前はスウェーデン語の *tung sten*（重い石）に由来する。それにもかかわらず元素記号がWなのは，ドイツでは *wolfram*（オオカミのクリーム）の名で呼ばれていたからである。理由は不明だが，16世紀の冶金家ゲオルク・アグリコラが提唱した名称である。タングステンは金属のなかでもっとも高い融点をもつ。理論的には，タングステンが太陽黒点の中で融けることはない。白熱電球は，タングステンフィラメントが白熱することによって光る。

34 ラヴォワジエの単一物質表

アントワーヌ・ラヴォワジエは化学の父と称されている。彼の科学に対する貢献は，彼の人生と深い関わりをもつフランス革命と同じくらい，時代を大きく変えたのだ。

周期表の概念を考案した人物といえばラヴォワジエであるが，それは彼の数ある発見のなかの一つに過ぎない。彼が化学で成功を収められたのは，疑いようのない才能のほかに，二つの強みをもっていたからである。一つはばく大な富をもっていたおかげで，非常に精巧な器具を所有していたこと。そしてもう一つは，他人のアイデアを盗んでは，あたかも自分のものであるかのようにしてしまう性格だったことである。

1774年の秋，ラヴォワジエはパリでジョゼフ・プリーストリーとの夕食の席で脱フロギストン化空気についてあれこれ話をした。そして，ほぼ同時期にカール・シェーレから火の空気の発見に関する手紙を受け取っていた。にもかかわらず，1777年，ラヴォワジエは酸素（oxygéne）と名づけた新しい気体を発見したと世界に宣言したのだ。その名前は「酸を生成するもの」という意味で，「鋭い」という意味をもつ *oxux* からとってつけた。ただし，この気体がすべての酸に存在するというラヴォワジエの主張はまちがっていた。

酸素はラヴォワジエの単一物質（これ以上分割することができないと信じられていた物質）の一覧表に加えられた。これが元素の周期表の前身となる。ただしこれにはいくつかのまちがいがあり，たとえば一覧表の気体のなかには光と熱素，すなわち熱と火の基本形も含まれていた。とはいえ，化学元素の近代的思考はたしかにここに生まれたのだ。

ラヴォワジエによる単一物質表。1789年の最終版には33個の単一物質が含まれていたが，そのうち25個は現在元素として認識されている。

太陽炉を操作するラヴォワジエ。燃料から発生する有毒物質にもひるまず，巨大なレンズで太陽光を集めてサンプルを燃焼させている。

35 質量保存

ラヴォワジエがもっとも喜んだ瞬間の一つは，空気を水に変えたときだった。例によって，ラヴォワジエはそれを初めて成功させた人物ではなかったが，見事に化学の基本法則を明らかにした。

ヘンリー・キャヴェンディッシュとジョゼフ・プリーストリーはともに，「可燃性の空気」は燃焼後のガラス容器の内側に水滴を発生させると報告していた。これを受けて，ラヴォワジエはその気体の名称を「水を生成するもの」という意味をもつ hydrogen（水素）に変えた。キャヴェンディッシュは，発生した水滴はわずかに鋭い（酸っぱい）味がすることにも言及しており，ラヴォワジエはこの事実を，酸味があるのは酸素ガスが存在するためだとする持説と結びつけた。ただし，実際のところ，酸味の原因は，本来なら不活性の窒素が燃焼によりはげしく熱せられて，微量の硝酸が生成されたためであった。

メートル法

ラヴォワジエの名声が頂点に達したのは，ちょうどパリの通りにフランス革命の嵐が吹き荒れ始めたときだった。王政が廃止された後の新しい共和政でも，ラヴォワジエの技術が無駄にされることはなかった。彼はメートル法を制定する委員に指名され，重さと距離の単位をフランスのみならず世界で統一する権限を与えられた。

アリストテレスの誤りを証明する

酸についての仮定にはたしかに欠点があったが，ラヴォワジエは純粋な水素と酸素の混合物に火をつけると，酸ではなく水だけができるという大発見をした。この瞬間，彼は，アリストテレスの元素理論を過去に葬る証拠を発見したことに気づいた。水は単一の元素ではなく，2種類の気体からできているのだ。この現象は水素と酸素だけで説明がついたので，この発見以来，燃焼の中心にあったフロギストンの概念も崩れていった。

変わらない重量

ラヴォワジエの実験によって，これまで多くの人々が抱いていた疑念も明らかにされた。実験前の気体の重さは，生成された水の重さと同じだったのだ。

これにより，物質は新たに作られているのでも破壊されてなくなるのでもなく，ただ構成のしかたが変わっているだけなのだということが示された。

ラヴォワジエが化学実験に用いた計測器は同時代の人々の計測器より正確だった。そのため，物質の重さが反応前後で変わらないということを，自信をもって主張することができた。

36 熱量の測定

18世紀のフランスには，アントワーヌ・ラヴォワジエのほかにも才能ある貴族がいた。ラヴォワジエは，数学者ピエール＝シモン・ラプラスとともに熱と光の研究を行った。

燃焼のフロギストン説によれば，火はフロギストンと呼ばれる物質が放出されたものであった。この説を否定したラヴォワジエは，当然のことながら，火がもつ熱と光の本質について改めて考えを巡らせるようになった。

食物エネルギー

食物に含まれるエネルギーは，現代の熱量計で，燃やしたときに放出される熱を測定することで定量化されている。熱量の単位「カロリー」はラヴォワジエが唱えた「カロリック」に由来する。

ラプラスは統計理論と確率の先駆者として有名である。

物質の理論

光は長年研究の対象となっており，数多くの理論が唱えられてきた。ラヴォワジエの1世紀前には，光のふるまいとほかの波のふるまいに明らかな類似点があるということから，クリスティアーン・ホイヘンスが光は波であるという理論を発展させた。その数十年後，光学に興味を抱いたニュートンは，7色からなる光の「スペクトル」という斬新な概念にたどり着いた。（6色のほうがわかりやすいように思われたが，神秘主義者のニュートンは7色のほうが有望な数字だと考えて藍色を取り入れた。）ニュートンは，光は重さのない微粒子からできているとする光の粒子説に力を注いでいた。ラヴォワジエは熱に対しても同様のアプローチをとった。彼は火の中に存在する重さのない物質を「カロリック（熱素）」と呼んだ。熱素はフロギストンとは違って測定することができた。

熱量計

1780年，ラヴォワジエはラプラスとの共同研究で熱素の計量器，すなわち熱量計（カロリメータ）を開発した。この計量器には中央に容器があり，それを取り囲むように氷で埋められた層がいくつかある。中央に入れたサンプルから熱素が放出されると，氷の一部が融ける。融けた水の量が熱素の量というわけだ。ラプラスとラヴォワジエは木炭を燃やして放出された熱素の量を測定した。また，この計量器にモルモットを入れて，モルモットが呼吸をして放出する熱素の量と比較した。これらの実験の結果より，動物の呼吸も燃焼の一種であるということが実証された。

熱量計は同心円状の容器一式からなり，外からの影響を受けないように設計されている。

37 クーロンの法則

ラヴォワジエが火に含まれるエネルギーを測定している頃、別のフランス人が静電気力を定量化する方法を開発していた。

1780年代になる頃、静電気力は、あらゆる物に存在する液体のような物質がバランスを崩した結果生じると考えられていた。この理論によると、液体が余分にあるとき、または不足しているときに電気的なふるまいが生じる。相反する状態の物体同士、つまり電気的液体が非常に多いものと非常に少ないものは互いを引き寄せ、電気的液体が同量のものは反発する力を生む。

当時起こりえた静電気力は弱いものでしかなかったが、1784年、シャルル＝オーギュスタン・ド・クーロンは、そのわずかな静電気力の大きさを測定することのできる「ねじり天秤」を考案した。ねじり天秤には帯電した金属棒が糸で吊されており、帯電した別の物体からの静電気力によって棒がくるりと回る。クーロンは、棒が移動した大きさは物体間の距離の2乗に反比例することを発見した。この関係は、今ではクーロンの法則として知られており、静電気力分野における研究の足がかりとなった。

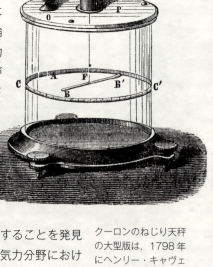

クーロンのねじり天秤の大型版は、1798年にヘンリー・キャヴェンディッシュが引力を測定するために用いられた。

38 自然の分析

新しいタイプの科学者が自然界の仕組みを明らかにしていく一方で、地球を形成する岩や土に含まれる物質を研究する科学者もいた。

化学の主な役割の一つは未知なる物質の分析で、それは今も昔も変わらない。18世紀の終わり、岩に含まれる鉱物の多くがまさにその対象となる「未知なる物質」だった。ドイツ人の薬剤師で、のちに化学教授となったマルティン・ハインリヒ・クラプロートは、ラヴォワジエやキャヴェンディッシュらの発見をもとに、地球の構成の解明に専念するようになった。

1791年、クラプロートはルチル鉱石の中から新しい金属を発見した。彼はギリシア神話の神タイタン（titan）にちなんでチタン（titanium）と命名したのだが、この金属を初めて特定したとして称えられたのは英国の鉱物学者ウィリアム・グレゴールだった。それでも、クラプロートは紛れもなくウラン（天王星（ウラヌス）に由来）とジルコニウムの第一発見者である。また、これら三つの金属はまったく新しい元素であることを確認したのもクラプロートであった。

1810年、マルティン・クラプロートはベルリン大学で初の化学教授となった。

39 元素の命名法

化学という分野にまだ錬金術の難解な言語が染みついている頃，アントワーヌ・ラヴォワジエは同僚とともに，化学の標準的な命名法を世界で初めて提案した。

化学言語は今では多くの人々になじみがあり，二酸化物や炭酸塩，硫黄など，たくさんの名称を日常会話でも耳にすることだろう。ラヴォワジエと妻マリー・アンヌ，多くの助手たちの手によって1790年代に創刊した学術誌 *Annales de Chimie* には，今日にも続くルールが掲載されていた。たとえば酸化鉄（iron ox<u>ide</u>）のように，金属と非金属からなる化合物には –*ide* という接尾語をつける。酸は酸素でない部分に –*ic* をつけて名づけるため，「礬油（oil of vitriol）」は硫酸（sulfur<u>ic</u> acid）と改名された。しかし，酸素を少ししか含まない硫黄の酸は亜硫酸（sulfur<u>ous</u> acid）となる。酸によって生成された化合物は –*ate* か –*ite* どちらかの接尾語をつける。別のいい方をすれば，硝酸 (nitric acid) は硝酸塩 (nitrate) を生成し，亜硝酸 (nitrous acid) は亜硝酸塩 (nitrite) を生成する。水素 (hydrogen) や酸素 (oxygen) とともに，ラヴォワジエは「空気（air）」よりも「ガス (gas)」という言葉を勧めた。ただし，彼が窒素に名づけた azote（「生気のないもの」という意味）は定着しなかった。

斬首刑

科学におけるアントワーヌ・ラヴォワジエの功績は，1789年にフランスを支配した革命政府にも認められ，利用されることさえあった。しかし，ラヴォワジエの巨額の富は，市民から税金を取り立てて嫌われ者の王に引き渡すという徴税請負人の仕事によってもたらされたものだった。1794年，そんなラヴォワジエの過去に対し，ギロチンによる処刑が実行された。51歳のときだった。

パリ工芸技術博物館に展示されているラヴォワジエの実験道具。

40 動物電気

電気は火花を散らすだけでなく，ある場所から別の場所へと流れることができる。これは，カエルの解剖中に予期せず発見されたことだった。そして，当初は筋肉の中だけに存在するものと考えられていた電流は，より広範囲にわたる現象だということが明らかになっていった。

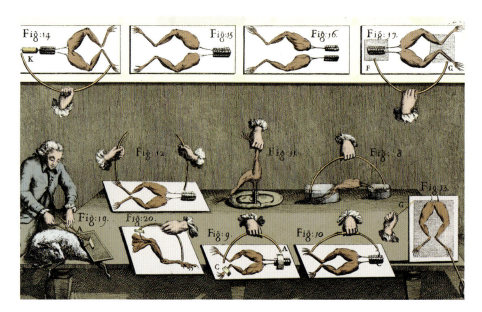

ガルヴァーニの絵には，「動物電気」を証明する方法が数多く描かれている。

科学知識が発展するときにはよくあることだが，電流の存在もまた，まったくの偶然から発見された。1791年，イタリアの解剖学者ルイージ・ガルヴァーニは神経と筋肉がどのようにつながっているのかを研究していた。彼はカエルの脚をいくつか切断し，鉄条網に吊して乾燥させていた。鉄条網は鉄，フックは銅でできている。するとそのとき，カエルの脚がけいれんしたのだ。（ガルヴァーニはその後，助手と一緒にカエルの神経を金属製のメスで触れたときに火花が散るのを見たと大袈裟に話をした。）

つながった回路

ガルヴァーニはさらなる研究を重ねた。そして，露出させたカエルの神経とカエルの脚の先を曲線状の銅と鉄のワイヤーでつなげると，けいれんを再現できることを発見した。ガルヴァーニは知らず知らずのうちに，「動物電気」が神経に沿って筋肉に流れて筋肉の収縮を起こすという，原始的な回路を形成していたのだった。より大きな哺乳類の動物でも，同様の結果を得ることができた。彼はこの技術を発表し，回路の一部として人体さえも利用することが可能であることを示した。ガルヴァーニは，動物組織には生気を与える特殊な性質があることを発見したものと信じていた。しかし，このことはのちにほかの科学者によって否定される。電流を作るには動物組織が必要なのではない。むしろ，動物組織がないほうがより効果的に電流は流れるのだ。

ガルヴァナイジング

自分の名前が言葉の由来となっているような人はほとんどいない。しかし，ルイージ・ガルヴァーニはその一人である。ガルヴァナイジング（亜鉛めっき）という名称は，彼の名前を冠したものであり，たとえば銅材に薄い亜鉛の層でコーティングする行程をいう。仮に亜鉛めっきと，その下にある銅に傷がついても，電気化学反応により亜鉛がその溝を埋めるので錆びることはない。

41 化学作用による電気

アレッサンドロ・ボルタはガルヴァーニの実験を追試した。そして、カエルの脚がけいれんするのは、使用した2種類の金属間に発生した電気の力が、目に見える形となって表れたにすぎないということを発見した。

その名が示すように、アレッサンドロ・ボルタは「ボルト」の語源となっている。ボルト（V）とは、導線や神経、空を走る稲妻などに電流を流す力を表す単位である。イタリア人のボルタは、1800年に世界初の電池となるボルタ電堆を発明してこの栄誉を手にした。

ボルタは、ガルヴァーニが示した動物電気は2種類の金属間に化学反応が生じた結果、一方からもう片方に流れる電気が発生したものであることに気づいた。電気を発生させるためには、回路内にある2種類の金属を隔てる（カエルの脚にあるような）しょっぱい水が必要だった。ボルタ電堆では、塩水に浸した円形の木材パルプを、銀貨と、同等の大きさに切った亜鉛片のあいだに挟んだ。それだけでは、電堆には何も起きない。しかし、上部と下部から出ている導線を接触させると回路が完成して電気が流れ、火花を散らしたり、金箔を帯電させて互いを退けたりした。ボルタ電堆（そしてのちに設計された電池）は、制御可能なエネルギーとして、たちまち化学分析に革命をもたらした。

ボルタ電堆をナポレオンに披露するアレッサンドロ・ボルタ。この発明の少し前にナポレオンはイタリアを侵略している。

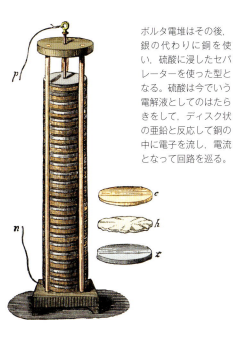

ボルタ電堆はその後、銀の代わりに銅を使い、硫酸に浸したセパレーターを使った型となる。硫酸は今でいう電解液としてのはたらきをして、ディスク状の亜鉛と反応して銅の中に電子を流し、電流となって回路を巡る。

19世紀：科学の黄金時代（1800〜1900年）

42 拡散する気体

空気にはいくつかの異なる気体が含まれている，という概念は，さまざまな分野に影響を及ぼした。次なる大きな発展は，気体の混ざりかたや動きかたに興味をもった気象学者らによってもたらされた。

英国のジョン・ドルトンが最初に興味を抱いたのは天気だった。ドルトンは，成人してからずっと気象データを記録していた。18世紀になったとき，まだ30代だったドルトンは，この知識を気体の基本的な性質に応用した。そして，気体はたとえ混ぜても，単独の気体として拡散する（広がって容器を満たす）ということを明らかにした。このとき，気体はそれぞれに特有の性質を与える各種の小さな単位体から構成されているという証拠が初めて示された。

43 よみがえる原子論

ジョン・ドルトンは，気体に関する研究を行い驚くべき発見をした。古代ギリシア人たちは正しかったのだ。アリストテレスの理論ではない。デモクリトスの原子論のことである。

ジョン・ドルトンは沼底をつつくと出てくる可燃性の沼気の泡を広口瓶に収集した。沼気は今日メタンとして知られている。

ジョン・ドルトンは，科学に原子を再導入した人物としてその功績が認められている。1803年，彼は，気体が微小で分割不能な粒子から構成されていると述べ，そのような粒子を原子（atom）と呼んだ。それは，レウキッポスと，より有名になった弟子のデモクリトスが2,200年前に初めてそのアイデアを考案したときに提案した名前である。古代ギリシア人にとって，原子は自然について思考した結果であると同時に，哲学的な概念でもあった。

同様に，1738年当時，ダニエル・ベルヌーイも空気は理論上の各種粒子からなり，それぞれの粒子が容器の内側を小さな力で押していると仮定して，その気体の圧力を定量化していた。しかし，ドルトンの原子論では，たとえ目に見えないほど小さくても，粒子は完全に実在する物質だという点でベルヌーイの理論と違った。ドルトンは，非常に小さくても気体に重量を与えているのは原子であり，そして水素を入れた容器が同体積の酸素を入れた容器よりも軽いことから，気体によって原子が異なるはずだと述べた。

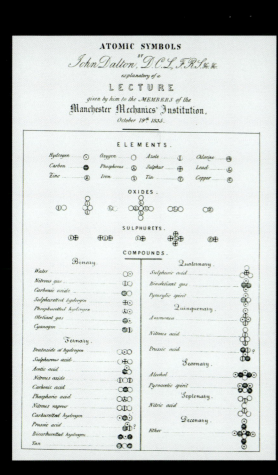

結合と比率

ドルトンの実験によって，元素は一定の比率で結合するという人々の直感が正しかったということが証明された。ドルトンは，炭素と酸素が1:1の比率で結合すれば一酸化炭素，1:2の比率で結合すれば二酸化炭素（かつての「固定空気」）が作られることを発見した。比率は常に整数で，元素同士がそれ以外の比率で結合することはない。この発見はドルトンと当時の人々によってさらに研究が進められ，定比例の法則の基礎が築かれていった。

ドルトンは，この比率を異なる原子が互いに結合しているものと解釈した。彼が想像した原子の網状組織は，のちに「分子」として知られるようになる。（ただし，分子という言葉自体はすでにこの数年前に作られている。）また，ドルトンはこの比率を使って異なる元素の原子の重さを計算した。水素の重さを1として，ほかの元素の重さは水素と比較した値を当てはめた。ドルトンの論法はしっかりしたものだったが，データには不備があった。しかし，そうであっても原子の重さ（今でいう原子量）は，既知の元素を周期表に体系づけていくうえで用いられた初めての要素となった。

ドルトンが作成した元素表では，過去の錬金術師らの工夫をもとにして，各元素に記号が割り当てられていた。さらに，原子が特定の比率と形で結合している単純な化合物を表現するなど，より発展されたものとなっていた。

44 正しい比率

ジョン・ドルトンは化学に変化をもたらしたが，それを正しい道に導いたのはほかの人々の研究のおかげだった。残念なことに，ドルトンは水の本質を見誤り，原子の重さをゆがめてしまっていたのだ。

フランス人のジョセフ・ルイ・ゲイ＝リュサックは，ゲイ＝リュサックの法則という気体の法則でもっともよく知られている。ゲイ＝リュサックの法則は，たとえば温かい気体が膨張するように，気体の体積は温度に比例するというものである。ゲイ＝リュサックはほかにも，水は酸素1個につき2個の水素から成ることを1805年に示した。これがH_2Oであり，ドルトンが提唱したような酸素と水素が1対1で結合するHOではなかった。ドルトンの理論では，酸素と水素の質量比が16対2であることから酸素の原子量8（16÷2）が導かれた。しかし，実際の実験で得られた数値は，わずかではあったがこれと一致しなかった。ゲイ＝リュサックは，今日解釈されているように，水に含まれる酸素の原子量はたしかに16であることを示した。酸素は非常に多くの化合物に含まれているので，このまちがいを訂正したことにより，ほかの多くの元素が周期表に正しく記載されることとなった。

ゲイ＝リュサックは1804年に気球で大気の構成を研究した。

45 電気分解

電気と化合物の関係は 1800 年代に明らかにされた。そうして，電気分解は化合物の分析において最新の手段となった。

ハンフリー・デイヴィーは初めて科学者として名を上げた人物の一人だが，それにはもっともな理由がある。早い時期から科学的な仕事に就き，英国のブリストルではさまざまな気体が健康に及ぼす影響について研究していたトーマス・ベドーズの助手としてはたらいた。そのあいだ，助言に反して亜酸化窒素を吸い込み，それがたいへん愉快な気分にさせてくれるものであることを発見した。これは今では笑気ガスとして知られているものだ。デイヴィーが製造した笑気ガスは当時のブリストル社会で話題を呼び，詩人サミュエル・コールリッジもすっかりとりこになった。ロンドンに新しくできた王立研究所では，市民向けの講演会でデイヴィー自らがこのガスを紹介し瞬く間に人気のトピックとなった。

デイヴィーランプ

ハンフリー・デイヴィーのもっとも歴史に残る功績は，炭坑夫の安全を守るランプである。この道具には裸火を収納する金属性の網があり，ランプから炎が出るのを防ぐとともに，炭鉱から発生する可燃性ガスへの引火を防止した。

電気の実験

デイヴィーがロンドンで仕事を始めた頃，ボルタ電堆のニュースが話題になっていた。王立研究所のデイヴィーと仲間たちはボルタ電堆を改良し，1807 年には銀と亜鉛のセルを用いた大きな「電池」を設計した。デイヴィーは苛性カリと苛性ソーダという，ドルトンの元素表に含まれていた 2 種類の「土」に電流を流した。デイヴィーは，電気でこれらの物質を分解できると予測していた。そして，思っていた通り，溶解した苛性カリ（水酸化カリウム）はパッと燃え上がる金属に分解した。これが，デイヴィーが発見した最初のカリウム元素だった。苛性ソーダ（水酸化ナトリウム）からはナトリウムが単離され，デイヴィーはその後の電気分解実験によりマグネシウム，カルシウム，ホウ素，バリウムの元素を発見した。

1807 年，王立研究所でウィリアム・ウォラストンによって作られた電池は，当時もっとも強力な電源であり，ハンフリー・デイヴィーが電気分解に用いた。

46 ハロゲン：造塩元素

ハンフリー・デイヴィーは，実験で新たな金属を発見しただけではなかった。35年前にカール・シェーレが発見した黄緑色の気体が，実際は「塩素」という新しい元素であったことも示している。のちにハロゲンと呼ばれる重要な元素族の一つが，このとき初めて発見された。

塩素に関する最古の記録は，17世紀のベルギー人錬金術師ヤン・ファン・ヘルモントの研究にまで遡ることができる。しかし，この刺激臭をもつ黄緑色の気体の発見は，150年後にスウェーデンのカール・シェーレの功績として認められている。シェーレは，当時，海塩酸として知られていた塩酸から化学的に塩素を生成した。シェーレはこの気体は酸素（または彼の知るところの火の空気）を含んでいると誤解していて，もしそれを取り除けば，ムリアティカムと呼ばれる新しい元素が現れると信じていたが失敗に終わった。

1810年，この実験に改めて取り組んだハンフリー・デイヴィーは，この気体が新元素であると宣言し，黄緑色であることから「chlorine（塩素）」と名づけた。〔ギリシア語で「黄緑色」を意味する chloros に由来。〕そして，このデイヴィーの結論により，すべての酸に酸素が含まれるという考えにも終止符が打たれた。

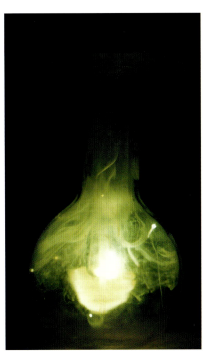

ナトリウムを塩素ガス中に入れると，緑色の煙を出して反応し，塩化ナトリウム（食塩）が生成される。塩化ナトリウムは，何世紀にもわたり調味料として利用されてきた物質である。

造塩元素

塩素は強力な物質であるが酸性物質ではなかった。酸はリトマス紙を赤く変えるが，塩素はリトマス紙を漂白した。以来，塩素のもつこの特徴は，多くの用途に使われている。また，塩素は金属とすぐに反応して塩を形成する。たとえば，塩素とナトリウムを混ぜるとおなじみの塩（食塩）ができる。oxygen（酸素）や nitrogen（窒素），hydrogen（水素）の命名法と同様に，塩を形成する塩素を halogen と呼ぶことを提案する者はいた。〔ギリシア語の hals（塩）＋gen（生じさせるもの）に由来。〕しかし，定着したのは chlorine という名称だった。

1811年にはいくつかの造塩元素が発見されたが，そのうちの一つは海草を燃やした灰から単離された。金属光沢のある灰色の個体で，紫色の蒸気に昇華することから，ギリシア語で「すみれ色」を意味する iodine（ヨウ素）と名づけられた。また別の造塩元素は，フッ素酸という，ホタル石から得られるきわめて腐食性の高い物質に含まれていることが知られていた。ホタル石は長いこと溶鉱炉で融剤として利用されており，鉱石が融けて流れる（flow）のを助けるはたらきがあることから fluorite の名がついていた。ハンフリー・デイヴィーはこの未発見の元素に fluorine（フッ素）と名づけることを提案したが，実際に単離する方法が確立されるまでには75年の月日を要した。さらに 1825 年に液体の臭素が発見されると，元素族が明らかになり，halogen（ハロゲン）はそれら元素の総称となった。化学者は，ハロゲンに属する元素は，物理的特性が違っても，共通する化学的特質をもっていることを理解した。

臭素

臭素（bromine）は二つしかない常温で液体の元素のうち（もう一つは水銀），唯一の非金属として特別な存在だ。第3番目のハロゲンである臭素は，ギリシア語で「悪臭」を意味する言葉 bromos に由来するが，これは濃褐色の蒸気が酸性で不快臭を帯びているためである。死海の水には高濃度の臭化物が溶けているため人も浮く。また，臭化物はローマ貴族の衣服に用いられた深赤色の染料の元にもなっているが，紛らわしいことに，ロイヤルパープル染料と呼ばれている。

47 アボガドロの法則

　生前は注目されていなかったが，イタリア人のアメデオ・アボガドロが行った研究は，現代の周期表の基礎を築いた。アボガドロは，アボガドロの法則において，一定の体積の気体には，その構成成分に関わらず，同体積の別の気体サンプルと同じ数の粒子が含まれると述べた。

　気象学者のジョン・ドルトンは，混合気体の総圧力は，各気体成分の「分圧」の合計に等しいことを示した。温度と体積が一定のとき，気体の総圧力は，その気体に含まれる粒子の数に比例する。1種類の気体成分の分圧を上げても，別の気体の分圧を下げれば，総圧は変わらない。1811年，アボガドロはこの考えをさらに推し進めて，「ある気体の圧力は粒子の数に依存するが，粒子の種類には依存しない。つまり，同一体積の気体はすべて，その大きさや質量にかかわらず，同じ数の粒子を含んでいるに違いない」と推論した。何年か経ち，この考えが十分に認められるや，アボガドロの法則は化学式や原子量を解き明かす鍵となった。

> **アボガドロ定数**
> 　玉子は1ダース（12個）入りで売られているが，化学物質を数えるときはモルが使われる。ダース同様，モルは特定の数を表しており，原子や分子のように非常に小さなものを数えるために使われる。1モルには約602,214,129,270,000,000,000,000個の粒子が含まれる。この数字はアボガドロ定数と呼ばれ，一般に 6.022×10^{23} のように表す。どんな気体も，0℃，1気圧であれば1モルは約22リットルとなる。

48 記号と式の導入

　新しい原子論を唱えていた者の一人にスウェーデン人の化学者ヨンス・ヤーコブ・ベルセーリウスがいた。ベルセーリウスが与えた影響は近代化学にまで伝わっているのだが，その主たるものは彼が研究をしていた単一物質（元素）を表す表記法である。

　ヨンス・ヤーコブ・ベルセーリウスは，1820年代までには，アボガドロの法則をいち早く自らの研究に応用していた。ベルセーリウスはアボガドロと同様に，二種類の元素の原子が反応して新たな化合物を作るときでも，粒子の総数が常に減るとは限らない，と理解していた。仮に気体の中に含まれる粒子の総数が減るとしたら，その圧力は下がっていくはずだが，実際には，反応後も圧力が変わらないことは多い。これはつまり，反応の前後で粒子の数は一定だということだ。もっとも簡単な例でいうと，酸素と窒素が反応すると一酸化窒素が生成するが，このとき粒子の総数は変わらない。酸素分子（O_2）も窒素分子（N_2）も対をつくって存在しており，一酸化窒素（NO）はその対の組換えによって生じるからだ。

簡単な表記法

ベルセーリウスは，複数の原子からなる分子が分解して配列の異なる成分に再形成される反応を理解した最初の一人であった。ベルセーリウスはそういった複雑な変化を表現するための簡単な表記方法を考案した。まずは，各元素を記号で表した。通常は，その元素の頭文字をあてた。したがって，水素（hydrogen）は H，酸素（oxygen）は O，窒素（nitrogen）は N となる。しかし，多くの元素名は共通の言語に統一されていなかったので，それらについては，ラテン語に立ち返って各元素の記号を決めた。鉄（iron）はラテン語 *ferrum* から Fe をとり，ナトリウム（sodium）は鉱物のナトロン（natron）から Na をとり，鉛（lead）はラテン語 *plumbum* を語源として Pb となった。

化合物はこれらの記号を組み合わせた式で表された。たとえば，一酸化窒素は NO と記された。また，上付きの数字で割合を表し，たとえば水は H^2O と表記される。もっとも，これはベルセーリウスがこれが正しいと信じていたらの話ではある。彼は依然として水の式は HO だと信じていた。上付きの数字はその後，今日のように下付き（H_2O）に変わったが，ベルセーリウスの基本的な表記法は現在も使われている。今日ではこれらは，反応前後の分子を表す化学反応式にも用いられている。

ベルセーリウスはケイ素，セレン，トリウム，セリウムの発見者として称えられている。リチウムを初めて特定したのは，ストックホルムのカロリンスカ研究所にあるベルセーリウスの実験室ではたらいていた助手だった。

錬金術記号

ベルセーリウスの表記法は，まったく新しい考えというわけではなかった。ドルトンや先人たちのなかにも，昔の錬金術師たちがそうしていたように，元素を記号で表した人はいた。こうした記号は，利便性のためでもあり，暗号のためでもあり，また科学的に説明できない物質の特徴を暗示する神秘的な象徴でもあった。統一されたシステムはなかったが，錬金術師らは金を太陽の象徴とし，銀を星の象徴とするなど，しばしば占星学からひらめきを得ていた。今日では，火星と関連づけられていた鉄の記号（♂）は男性を，金星に支配される銅の記号（♀）は女性を表すようになった。

49 電磁気学

1820年，デンマーク人のハンス・クリスティアン・エルステッドは電気と磁気に密接な結びつきがあることを発見した。また，この発見は結果的に電力を利用する技術へとつながり，化学反応中にはたらき，のちに電磁気現象と呼ばれる力の解明に役立った。

ある意味，エルステッドの発見は偶然ではなかった。彼は，バルト海の向こう側で他界したばかりのイマヌエル・カントの哲学に従い，科学的現象はすべて関連しており，同じ基本となる自然の秩序が異なる様相を呈しているのだと強く信じていたのだ。しかし，彼が後世に名を残すこととなった発見は，どうやら偶然によるものだったようだ。

エルステッドは，講師を務めるコペンハーゲン大学で電気と音響の研究を行っていた。講義中，ボルタ電堆から導線に電流を流したエルステッドは，方位磁針が北を指さずに導線の方に振れることに気づいた。電流のスイッチを切ると，方位磁針の針は再び北を指した。興味を示した生徒はほとんどいなかったが，エルステッドはただちにその重要性を悟った。電流はおそらく銅でできていた導線を一時的に磁石にしていたのだ。（電磁石はまさにこのような仕組みでできていて，オン・オフ可能な磁石として利用されている。）

アルミニウムの精製

ハンフリー・デイヴィーらはアルミニウムをほかの物質と混ぜて鉄のような合金を作ったが，ハンス・クリスティアン・エルステッドは1825年に純粋なアルミニウムのサンプルを作った最初の人物となった。エルステッドは純粋なカリウムを用いて塩化アルミニウムを還元した。エルステッドの方法はのちにフリードリヒ・ヴェーラーによって改善され，1880年代に産業電気分解が導入されるまで，金属を精製する主な方法となった。

放射される力

エルステッドは，熱や光が放射されるように，磁力も導線から放出されていると考えた。（当時，電気は何らかの液体であるというのが一般的な考えであり，やはり直感的に二つの現象には何かしらの関係があるとされていた。）数カ月のうちに，アンドレ＝マリ・アンペールは逆方向に流れる電流は反発する磁力を起こし，同方向に流れる電流は互いを引き寄せること

コペンハーゲン大学の講堂にて，助手に導線を電堆に接続させ，自身の発見を確認するハンス・クリスティアン・エルステッド。

を示した。

　彼は電気と磁気を結びつけるものを説明することができなかったが，エルステッドは物質中には双方向にはたらく力が存在し，ある質量から別の質量へとエネルギーを伝達していることを示した。その後数十年も経たないうちに，この押したり引いたりする電磁気現象は化学を動かす力になるだろう考えられた。

50 生気論の反証

　最後まで信じられてきた古代ギリシアの学説の一つに生気論がある。これもまた，ちょっとした偶然がきっかけとなって反証されることとなった。

　18世紀の化学は多くの発展を見せたが，19世紀初期の化学者は依然として生命化学には「無機物」と同じ法則は当てはまらないとする古代からの俗説を心に抱いていた。生体は活力を与える生気で満たされており，逆にこれがなければ生命をもたない物質だという。したがって，当時多くの研究者がしていたように，細胞や組織をつくる「有機物」を分析することはできても，無機物から有機物を合成することはできないと信じられていた。これを証明するために，化学者は，有機物を加熱すると不可逆反応によって生命のない無機質な物体へと変性することを示した。

ローマの医師

　生気論と呼ばれる生命力の概念は，ローマの医師ガレンが発展させたともいえる。彼は（現在のトルコ共和国内にある）ベルガモンで剣闘士の外科医をしており，生きている人間の体と死んでいる人間の体を研究する機会が十分にあった。ガレンは，体は解剖学的構造だけでは生きていられないという考えを支持した。

ローマで解剖学の講義を行うガレン。

尿素を作る

　1828年，フリードリヒ・ヴェーラーはベリリウムの共同発見者となったが，同じ年にシアン酸アンモニウムを作る試みをしたことで有名だ。シアン酸アンモニウムは窒素，炭素，酸素からなる理論上の化合物であった。しかし，出来上がったのは尿素だった。尿素は，ほ乳類の尿の主成分として100年以上も前に発見されていた「有機物」である。尿素の分子はシアン酸アンモニウムと同じ原子で構成されており，シアン酸アンモニウムは瞬時に尿素に再形成したと考えられた。こうしてヴェーラーは無機物から有機物を作る方法を偶然発見したのだった。これが，生命は化学的プロセスによって維持されることを示す初めてのヒントとなった。

フリードリヒ・ヴェーラーはヨンス・ヤーコブ・ベルセーリウスの助手で，ハンス・クリスティアン・エルステッドの友人だった。

51 電気の力のはたらき

スウェーデン人のヨンス・ヤーコブ・ベルセーリウスは，電気の力と原子同士の結合を初めて関連づけた人物である。しかし，初めに興味をもっていたのは別のことだった。

スウェーデンはストックホルムの科学博物館に残されているベルセーリウスの研究室。

ボルタ電堆が発明された頃，ベルセーリウスは医学訓練を行っていた。間もなく，ベルセーリウスは若き医師となり，患者に電気治療を施すようになった。この治療では効果を得られなかったが，結果的に，化学における画期的な発見につながった。ベルセーリウスは研究人生を通じて，特定の原子が結合する（そして別の原子とは結合しない）理由は，反対の電荷により互いに引き寄せられるためだとする「電気化学的二元論」を提唱した。彼のアイデアは，無機物では証拠とよく一致したが，有機物では一致しないことも多かった。そのため，有機物は無機物とは異なる方法で結合していると提唱する者が出てきた。

52 イオン

もっとも偉大な科学者の一人，マイケル・ファラデーが，いよいよ化学における電磁気学の役割についての討論に加わる。ファラデーは，ベルセーリウスの二元論に，小さいが重要な修正を加えた。

若い頃のマイケル・ファラデーは，偉大な科学者たちの恩恵を受けながら研究生活を送っていた。ファラデーは，ハンフリー・デイヴィーの助手として十年以上はたらき，やがて自らベンゼンという有機化合物を発見した。ベンゼンが有機化学に欠かせないものであることは，のちに明らかになる。また，1821年には，ファラデーはデイヴィーとウィリアム・ハイド・ウォラストンの研究をふまえて，初期の電気モーターを開発している。しかし，断りを入れずに発表したため，よき指導者だったデイヴィーとウォラストンの怒りを買った。

ファラデーは電気分解についてさらに詳しい観察を行った。電気分解は，デイヴィーが強く支持した分析技術であり，ファラデーは電気によって分解される物質の量が電流の大きさに比例することを明らかにした。概念はまだ明確にされていなかったが，この結果から，電気によって運ばれたエネルギーは化合物に移り，その化合物をより小さな成分に分解していることが示唆された。

電磁誘導

ファラデーは，1831年に電磁誘導を発見したことでもっともよく知られている。（ただし，ジョセフ・ヘンリーも同時期に独立して電磁誘導を発見したとして功績が認められている。）電磁誘導とは，ワイヤーなどの導電体を磁場をかけながら動かすと，導電体に電気が流れる現象である。この現象は，運動エネルギーを電流に変換する発電所の発電機にも利用されている。

英国王立科学研究所で，電磁誘導の発見を聴衆に披露するファラデー。

英国の化学者ジョン・フレデリック・ダニエル（初期の電堆や電池よりも多くの電気を作ることができる強力なダニエル電池を開発した人物）に実験器具を披露するファラデー（右）。

エネルギーの流れ

「電極」や「イオン」という用語を作ったのはファラデーである。ファラデーは，電極と電極のあいだにある液体に電気が流れるのは，イオン（ギリシア語で「放浪者」という意味）の帯電体の動きによると提唱した。彼はこのアイデアをさらに発展させ，分子は反対の電荷をもつイオンとイオンのあいだにはたらく力によって結合しているという概念を展開した。いっぽう，ベルセーリウスは原子がイオンに変わるという考えには反対で，それぞれの原子に正極と負極があり，原子は分子中の別の原子の極と引き寄せ合ったり反発したりするという考えを好んだ。

新しい言葉

ファラデーは，自身の理論を完全に説明するために新しい言語を作らなければならず，友人のウィリアム・ヒューウェルの助けを求めた。ヒューウェルは「自然哲学者（natural philosopher）」に代わる「科学者（scientist）」という言葉を提案した人物であるが，2本の電極に「陽極（anode）アノード」と「陰極（cathode）カソード」と名づけたのもまたヒューウェルであった。陰イオンは陽極に移動し，陽イオンは陰極に移動する。これらの用語が現在も使われていることからして，ファラデーの理論の正しさが証明されたことがわかるだろう。

53 触　媒

化学反応のなかには，第三の物質の存在なしには，ほとんど，もしくはまったく反応が進まないものがある。この現象は今日でも謎めいたところがあるが，この便利な物質に「触媒」という名がつけられたのは1830年代になってからのことで，それまでは認識さえされていなかった。

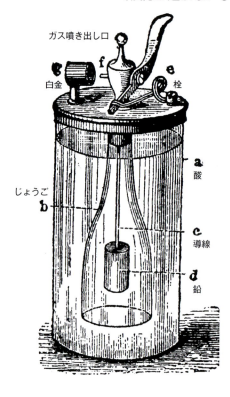

デーベライナーのランプは，19世紀の一般的な点火装置であった。これはやがてパラフィンやメタン，ガソリンなどの炭化水素燃料の登場により取って代わられる。

触媒の概念自体は新しいものではなかった。酵母は，少なくともアルコール濃度が高くなって死滅してしまうまでは，ワインやビールなどを作りだすさまざまな発酵反応の触媒に使われていた。いっぽう無機触媒の反応プロセスは19世紀になってもまだ化学的に解明されていなかったが，だからといって人々が触媒を利用しないということはなかった。

1823年，ドイツ人の化学者ヨハン・ヴォルフガング・デーベライナーは触媒作用で水素ガスを燃やすことによって点火する装置を設計した。ガスは，ガラス容器中で亜鉛と硫酸を反応させて生成する。ノズルから放出されたガスは，スポンジ状の白金を通る。金属と接触することにより，ガスは空気中で燃え，酸素と結合して水を生成する。白金がなければ，水素はそのままもれてゆき，それが危険な量にまで達すれば爆発を起こす可能性もある。亜鉛と硫酸は使用すると消耗するが，点火装置の白金はけっして尽きることがない。これぞまさに触媒の特徴である。つまり，反応には白金が必要だが，その反応により白金が使い果たされることはないのだ。

反応を開始させるもの

この現象を表す名称を定着させたのはヨンス・ヤーコブ・ベルセーリウスだった。さまざまな化学分野で新しい用語を作った人物である。1836年，彼は「ほどく」を意味するギリシア語から「catalysis（触媒作用）」という用語を作り，何かしらの方法で反応を開始させる触媒の作用を表現した。これまで使われていた「contact action（接触作用）」という用語は，これはこれで非常にわかりやすかった。それというのも，ほとんどの触媒は表面に作用してはたらくと信じられていたからだ。反応に使われる物質は一時的に触媒の表面にくっつく。そうすることで，まだ結合していない粒子がこの複合体に近づいて結合しやすくなったり，より大きい分子に圧力を与えて分子を切り離したりするのだ。反応によって得られた物質は，その後，複合体から離れ，触媒は元に戻る。

触媒コンバーター

ロジウム同様，白金は自動車に組み込まれている触媒コンバーターに用いられている。その役割は，腐食性および有害のガスを害の少ない物質に変え，スモッグを減らすことである。これらのガスが触媒を通り抜けると，窒素酸化物は純粋な窒素に還元され，一酸化炭素や不燃ガソリンの臭気は酸化されて二酸化炭素と水が生成される。触媒コンバーターを機能させるには無鉛燃料を使わなければならないが，これは鉛添加剤が触媒の網を覆って反応を妨げるからだ。

触媒となる貴重な金属で，セラミックハニカムの芯に薄い皮膜を形成する。

19世紀：科学の黄金時代 * 61

54 鏡写しの異性体

もっとも大きな分子の初歩的な画像がようやく作れるようになる1世紀前，ルイ・パスツールは分子の形について，文字通り光を投げかけるような方法を発見していた。

「異性体（isomer）」は，またしてもスウェーデンの化学者ヨンス・ヤーコブ・ベルセーリウスが1830年に作った言葉である。シアン酸と雷酸は同一の構成元素をもちながら，まったく異なる性質を有することに気づいたフリードリヒ・ヴェーラーの研究を踏まえてのことだった。その2種類の分子は異性体，つまり，まったく同じ構成要素が異なる構造に配列されたものであることがわかった。

光による検証

1848年，フランスの化学者ルイ・パスツールは酒石酸を研究していた。酒石酸は，ワインに酸味を与える物質で，自然に結晶を生成する。16年前，ジャン＝バティスト・ビオは，ワインから生じる酒石酸の結晶が偏光を回転させることを発見した。（偏光とは，同一平面上で振動する光の波のみから作られている光のこと。その平面の向きを調べることで，光が回転したかどうかが調べられる。）パスツールは，研究室で合成された酒石酸が，天然の酒石酸と化学的に同じであるにも関わらず，同じふるまいを見せないことに疑問を感じていた。パスツールは合成された酒石酸の結晶を顕微鏡で観察しているときに，互いに鏡写しの関係にある2種類の存在を発見した。それらをより分けた後，パスツールはそれぞれのグループが光を異なる向きに回転させることを発見した。これが対掌性（互いに鏡像関係にあること）の発見である。グルコースなどの天然物質の多くには対掌性の異性体（鏡像異性体）が存在するが，不思議なことに，その多くは自然界には一方の形態でしか存在しない。

微生物病原説

ルイ・パスツールは，病気や腐敗は「悪い」空気にさらされて瞬時に発生するのではなく，微少な病原菌が原因であることを証明したことでもっともよく知られている。パスツールはこの理論を応用して「低温殺菌法」と呼ばれる技術を発展させた。低温殺菌法は，ワインや牛乳，ジュースなどの液体を，十分に高い温度で短時間だけ滅菌するものである。病原菌を死滅させながらも，風味をあまり損ねないですむ。

対掌性の異性体（鏡像異性体）は光をどちらの方向に回転させるか（右旋性か左旋性か）で特徴づけられる。一組の手のように，ある物質の鏡像異性体は，どんなに回転させても互いに重ね合わせることができない。

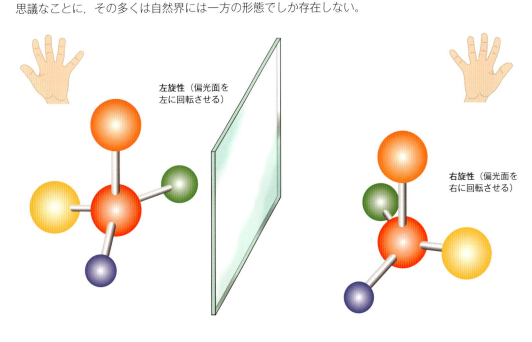

左旋性（偏光面を左に回転させる）

右旋性（偏光面を右に回転させる）

55 原子価と分子

有機化学という新たな分野への関心が高まり，原子と結合に関するわたしたちの理解に大きな影響を与えた概念が生まれた。

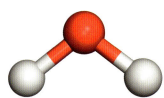

この水分子には，酸素（赤）が原子価2をもつ一方で，水素（白）がそれぞれ原子価1をもつことが示されている。

さまざまな原子価
周期表の中央を埋める元素グループである遷移元素は，珍しい原子構造をもつために原子価もさまざまである。たとえば，マンガンの原子は最大7個もの結合が可能だ。このような多様性により，遷移金属の化合物（下）には幅広い色がある。

エドワード・フランクランドは薬屋の徒弟として，英国北部ランチェスターにある薬局で薬を調合していた。しかし，幸運と人脈に恵まれたフランクランドは，ロンドンの地質学会の研究所で助手を務めるようになる。雇い主はフランクランドをドイツのロベルト・ブンゼンに紹介した。ブンゼンはまだそれほど有名ではなかったが，それでも十分影響力をもっていた。フランクランドはブンゼンのもと，マールブルクで2年間研究を行った。これがきっかけとなり，彼は1853年にマンチェスター大学でもっとも有名な教授の一人になるのだった。

1850年代，フランクランドは，有機物質を亜鉛やほかの金属と結合させることができることを発見し，こうして作られた物質を有機金属化合物と呼んだ。フランクランドは，各合成において一定量の金属が消費されるが，この一定量は金属によって異なることを発見した。つまり，金属元素の原子はすべて同じように結合するのではなく，ある特定の「結合価」をもっているのだ。この量はのちに原子価と名づけられ，1個の原子が分子内で形成することのできる結びつき，すなわち結合の数を示した。たとえば水素や塩素は原子価1をもち，酸素は原子価2をもつ。もっとも興味深いのはすべての有機化合物に含まれる炭素であるが，これは原子価4である。

56 ブンゼンバーナー

ロベルト・ブンゼンはハイデルベルク大学で新たな職を得ると，石炭ガスが供給される建てかけの研究室があてがわれた。石炭ガスは，石炭を燃焼することによって発生する可燃性ガスで，有毒な一酸化炭素を含む。

ブンゼンは石炭ガスを光源や熱源として利用したいと考え，大学の技術者であるピーター・デサーガにその両方の目的を達成できるバーナーの設計図を渡した。土台の近くに空気穴を設けたことにより，ガスと空気が完全に混ざってから燃焼するので，高くて明るい黄色の炎ができた。土台の空気孔を開くと，空気の流入量が増し，青くて熱く，ほとんどススが出ない炎ができる。ガラス製品を熱するのに適しているのがこの炎だ。ブンゼンバーナーは，1855年から化学の学生たちに使われるようになり，それからというもの現在に至るまで使用され続けている。

ブンゼンバーナーでは，もっとも熱い炎の内側に，特徴的な青い円錐形の炎ができる。現代のバーナーにはメタンかプロパンが供給され，当初の石炭ガスよりも毒性が低く，高温で燃焼する。

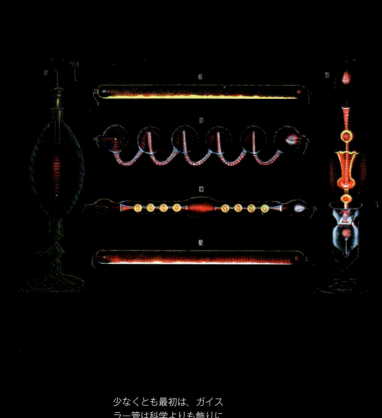
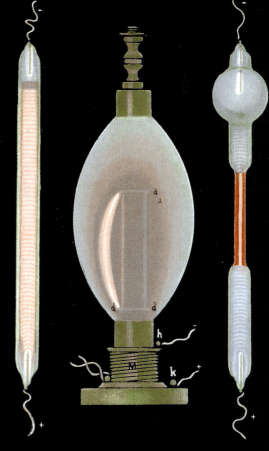

少なくとも最初は,ガイスラー管は科学よりも飾りに使われることが多かった。

58 人工樹脂の登場

パークシンから作られた1860年製の髪飾り。色素は，鋳造される前の柔らかい樹脂に混ぜられる。

今日，樹脂という言葉はすっかり耳になじんでいる。今やこの素材はありふれていて，安価な物や使い捨ての物を作るときはたいていこれが使われる。しかし，19世紀，樹脂はどんな形に作られてもその形状を維持するという，驚くべき特徴をもつ物質として登場した。

初期の樹脂製品は天然素材から作成され，たとえば角やクジラのひげは強くて柔軟性のある原料として利用された。シェラックは，インドの植物に寄生する昆虫の分泌物から作られる樹脂の一種である。また，天然ゴムは乳白色の植物分泌物（ラテックス）から作られる。そして1856年，英国のアレグザンダー・パークスはこれらすべての特徴を有する物質を合成し，それをパークシンと呼んだ。セルロースは，あらゆる植物（とりわけ木，ひいては紙）に含まれる繊維質であるが，これに硝酸を加えるとセルロース分子が長く相互につながり合って堅い固体を形成する。これがパークシンだ。パークシンは熱すると柔らかくなるのでさまざまな形に加工することができた。パークシンそのものは商業的に利用されなかったが，1870年になる頃には洗練されてセルロイドになった。セルロイドは，写真や映画のフィルムに使われる，長くて柔軟性のある帯として有名になった。

59 炭素の化学

原子価の発見と炭素の原子価が4であるという事実は，フリードリヒ・アウグスト・ケクレが行った1858年の研究を通じて，有機化学の秘密を解き明かす糸口となった。しかし，それは過去10年間にほかの人々が発展させた多くの理論に反していた。

化学者らは，有機化合物は，主として炭素と水素から構成され，燃焼すると二酸化炭素と水を生成するということを理解していた。しかし，これらの元素，および酸素や窒素といったほかの元素がどのようにして互いに関係しているのかは知られていなかった。フリードリヒ・ヴェーラーは，有機化合物は少なくとも無機化合物の特徴の一部をもっていなければならないことを示した。また，彼は実験室の蒸留で使われるリービッヒ冷却器の発明者である同僚のユストゥス・

アウグスト・ケクレはロンドンバスでうたた寝をしているときに，炭素が鎖状につながる夢を見たという。

リービッヒとともに，もっとも小さな規模で形成する分子の形（原子配列）は，より大きな規模で現れる特徴の根幹をなすことも示した。彼らと同時代のフランス人ジャン＝バティスト・デュマは，炭素と酸素からなる塊（根）は物質の根幹を形成し，ベルセーリウスが唱えたように，異なる極性の電荷によって結びつけられていると提唱した。間もなく，炭素2個をもつ「エチル根」と炭素1個をもつ「メチル根」が特定された。

しかし，フランクランドの原子価に関する驚くべき新真実が有機金属にまで及ぶ一方，デュマの理論は「有機ハロゲン化合物」によって試練と向き合うこととなった。デュマは，偶然にも（そしてファラデーやほかの人たちが立証したことには），塩素やほかのハロゲンが有機化合物の水素と置き換わることができることを発見した。しかし，ベルセーリウスの電気化学的二元論によれば，水素は陽性元素で，塩素は陰性原子であるので，どうして根の交換が行われるのかという疑問が生じた。ベルセーリウスはむしろ，塩素は根と「結合」することによりその形状を変えて，異なる部分と結合するのだと強く主張した。しかし，これは異性と同じことであり，また，そのような形状変化があるとしたら特性も変化するだろうと思われたが，新しい有機ハロゲンにはそれが見られないためにこの考えは無視された。

名称のつけ方

炭素鎖はもっとも長い部分（主鎖）にある炭素の数に従って名づけられる。そこから伸びる炭素の枝（＝アルキル基）も同様に，炭素の数に従って名づけられる。たとえば，2-メチルブタンにはブタン鎖の2番目の炭素からメチル基が突き出ている。

炭素数	接頭語	主鎖の名称
1	Meth-	メタン
2	Eth-	エタン
3	Prop-	プロパン
4	But-	ブタン
5	Pent-	ペンタン
6	Hex-	ヘキサン
7	Hept-	ヘプタン
8	Oct-	オクタン
9	Non-	ノナン
10	Dec-	デカン

石油産業は，1859年にペンシルバニア州タイタスビルで本格的に始まった。石油は，最初は燃料源，やがて化学製品工業の原料となる。

4価の炭素

その後，流れを変えたのはアウグスト・ケクレだった。ケクレは，炭素は最大4個の原子と結合すると唱えた。これにより炭素原子は長く枝分かれした鎖やリングを形成することができることに気づいたのだ。これらの構造は「骨組み」となり，周囲に水素に代表されるほかの原子を結合させる。ケクレの理論を図にしたものには，原子の結合部分がぼんやりとしたソーセージ型の領域で表されており，原子結合の概念をうっすらと予見していたようでもある。

ケクレのおかげで，有機化合物はあるパターンに従った。すなわち，メタンは炭素1個と水素4個からなるもので，エタンは炭素2個が結合し，それぞれの炭素に水素3個が結合するというように，プロパン，ブタン，ペンタン…と続いていく。

60 分光学

塩や化合物を燃やしたときの炎が，中に含まれる金属元素に固有の色を示すことはこれまでもたびたび記録されていたが，こうした色の研究はまるっきり新しい科学の世界を導いた。

化学物質を発見したり，どれも同じような白い粉を効果的に区別したりしようというときに，燃焼試験（炎色試験）は最初に行う実験の一つとなった。これにより，たとえばオレンジ色の炎はナトリウム，薄紫色の炎はカリウムを含む塩であることがわかる。ガイスラー管が薄気味悪い光を放ったことから，元素は何かしら色の特徴をもっているというアイデアがさらに重要性を増した。ロベルト・ブンゼンが新しいガスバーナーの開発に専念したのも，このためだった。

ブンゼンバーナーはきれいで安定した強い熱源を生成し，炎は青みがかってはいるが薄い色をしているため，燃焼しているサンプルの色をさほど邪魔しない。それでも，サンプルそのものの色だけを取り出すのには苦労した。ハイデルベルク大学の同僚グスタフ・キルヒホフとの共同研究で，ブンゼンはプリズムを使えば光を構成する色ごとに分けることができるのではないかと提案した。それは，アイザック・ニュートンが光学とスペクトルで画期的な発見をした200年後のことだった。

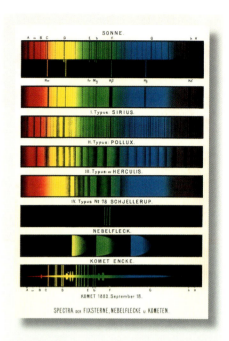

吸収と放出

分光分析は，キルヒホフの次の三つの法則によって説明される。1) 熱い固体は，多様な色（白色光）を生じる。2) 熱い気体（たとえば炎）は，特定の色（発光スペクトル）で光る。3) 冷たい気体は白色光から特定の色を吸収し，幅広いスペクトルの中に黒い線を残す（上図の通り）。吸収スペクトルを利用すると，空気中の気体や塵がどのような元素から作られているのかを知ることができる。

分光器

ヨーゼフ・フォン・フラウンホーファーは1814年に星の光を分析する装置を発明した。彼は広範囲の色のスペクトルにいくつもの黒い線があること，すなわち色が欠けていることを発見した。また，ブンゼンとキルヒホフの分光器は，炎の色は完全なスペクトルではなく，ほんの一握りの色から成り立って，それが一連の細い線を形成していることを示した。

このドイツ人科学者たちは，元素も固有の色のスペクトルを放射することから，光を利用すれば元素を特定できるのではないかと考えた。そして1859年，彼らは分光器を使って二つの新たな金属元素を同定した。一つはセシウムで，もう一つはルビジウムだ。どちらもナトリウムとカリウムと似た特性をもっている。分光器により，光自体は元素ではなく，すべての元素に共通する特徴であることが示された。

ブンゼンとキルヒホフが開発した分光器では，レンズを通した炎の光は中央のプリズムで焦点を結ぶ。そして，プリズムから出る光は接眼レンズに導かれる仕組みになっている。

61 カールスルーエ会議

1860年，アウグスト・ケクレは数人の同僚たちとともに，ドイツ南部にあるカールスルーエで国際化学者会議を開催した。その会議の主な議題は，既知の元素を原子量に基づいて整理する最適な方法についてであった。

1860年9月の3日間，化学界に属する化学者はみな，カールスルーエの第1回国際化学者会議に出席していた。一人のメキシコ人を除くすべての参加者たちは，ヨーロッパの各大学から来ていて，デュマやブンゼンのような大物もいた。それほど名の知られていない出席者のなかにはイタリアのスタニズラオ・カニッツァーロがおり，近年亡くなったばかりの同国人アメデオ・アボガドロが研究していた原子量の計算方法を支持した。カニッツァーロはだれからも注目されていなかったが，最終日になって，彼の小論文がロシアのサンクトペテルブルク大学から来ていた教授ドミトリー・メンデレーエフの手に渡った。それから10年と経たないうちに，メンデレーエフはアボガドロの法則から導かれる一定の原子量を用いて周期表を作り上げた。

62 ヘリウムの発見

太陽光は白い。これは虹色の光をすべて混ぜ合わせた結果である。しかし，コロナ（太陽の周囲を囲む気体のリング）からの光を分光器で観察したところ，珍しい新元素の情報がもたらされた。

分光器（望遠鏡と分光計が合わさったもの）を通して安全に太陽を見られるのは日食のときだけである。このとき，強烈な光はコロナだけを残して遮られる。ピエール・ジャンサンとノーマン・ロッキャーはどちらも，コロナの光のスペクトル中にはっきりとした黄色い線を発見し，この光が新しい元素から放射されていることを発見した。この元素はギリシア語で「太陽」を意味するヘリオス (*helios*) からヘリウムと名づけられた。

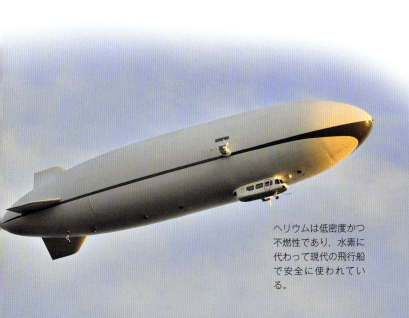

ヘリウムは低密度かつ不燃性であり，水素に代わって現代の飛行船で安全に使われている。

63 周期表

ドミトリー・メンデレーエフは，化学のよりどころとなる周期表の父として認められている。元素を分類する試みはこれが初めてだったわけではなく，彼の研究はほかの研究者たちの失敗から学んだところもあった。ただ，時を経て認められたのはメンデレーエフの周期表だった。

元素を整理するうえでもっともわかりやすい方法は，原子量に従うことである。これはかつて1803年にジョン・ドルトンが行った方法だった。しかし，1860年代に至るまでのあいだに，既知の元素に対し複数の原子量が提案されていた。しかも，既知の元素は1863年の時点で56個あり，メンデレーエフが1869年に初めて作成した周期表に含まれているものは64個にまで増えていた。原子量を計算する特定の方法はまだ確立されていなかったので，リストを作成する化学者たちは元素の化学的性質のなかに別のパターンを模索した。とはいえ，当時は，現在知られているほど多くの元素が発見されていなかったため，パターン探しはわかりにくく困難な仕事だった。

パターンの模索

触媒反応で点火するランプを作ったことで有名なヨハン・デーベライナーは，よせ集めた元素のなかに化学的に性質のよく似た三つ組元素を五つ発見していた。リチウム，ナトリウム，カリウムや，既知のハロゲン（塩素，臭素，ヨウ素）といった組合せだ。1865年，英国の化学者ジョン・ニューランズは，元素の化学的性質は七つのグループに分けられるという「オクターブの法則」を発見した。これは，原子量にも一致した。カールスルーエ会議でカニッツァーロが発表した論文のおかげで，今や原子量は確かなものになりつつあった。ニューランズは八つごとに似た性質の元素が現れることに着目した周期表を立案した。このように配列すると，デーベライナーの三つ組元素とうまく整合性がとれたが，元素リストがまだ不完全なため，周期表にも空欄を残しておかなければならなかった。しかし，ニューランズのアプローチには一貫性に欠けるところもあって，化学界からは嘲笑の的となった。

1890年代後半，トレードマークのひげをたくわえ，サンクトペテルブルクの書斎で研究をしているドミトリー・メンデレーエフ。

				K = 39	Rb = 85	Cs = 133	—	—
				Ca = 40	Sr = 87	Ba = 137	—	—
				—	?Yt = 88?	?Di = 138?	Er = 178?	—
				Ti = 48?	Zr = 90	Ce = 140?	?La = 180?	Tb = 231
				V = 51	Nb = 94	—	Ta = 182	—
				Cr = 52	Mo = 96	—	W = 184	U = 240
				Mn = 55	—	—	—	—
				Fe = 56	Ru = 104	—	Os = 195?	—
				Co = 59	Rh = 104	—	Ir = 197	—
	Typische Elemente			Ni = 59	Pd = 106	—	Pt = 198?	—
H = 1	Li = 7	Na = 23		Cu = 63	Ag = 108	—	Au = 199?	—
	Be = 9,4	Mg = 24		Zn = 65	Cd = 112	—	Hg = 200	—
	B = 11	Al = 27,3		—	In = 113	—	Tl = 204	—
	C = 12	Si = 28		—	Sn = 118	—	Pb = 207	—
	N = 14	P = 31		As = 75	Sb = 122	—	Bi = 208	—
	O = 16	S = 32		Se = 78	Te = 125?	—	—	—
	F = 19	Cl = 35,5		Br = 80	J = 127	—	—	—

メンデレーエフが1869年に作成した実際の表。初期の周期表は，縦向きに配列されていた。1871年の修正版は周期が横向きで，似たような性質をもつ元素が縦のグループになるように並び替えられている。

原子価の適用

メンデレーエフは，ニューランズの提案した周期表に原子価の要素を取り入れた。新たな要素をもとに既知の元素を配置して，適切な空欄を設けたのだ。これがニューランズとメンデレーエフの方法の大きな違いの一つだった。ニューランズとは異なり，メンデレーエフは周囲表の空欄は未発見の元素を表していると主張し，それが偉大なる成功につながった。

伝えられるところによれば，メンデレーエフはソリティアと呼ばれるカードゲームに刺激を受けて，各元素のカードを作り，さまざまな方法で並べ替えた。最終的に完成した並びには一連の「周期」があった。周期と呼んだのは，ニューランズが以前発見したように，同じ性質が繰り返し現れるためだ。第1周期には水素だけがある。メンデレーエフは1902年になるまで水素の次に重いヘリウムの存在を受け入れていなかったため，考えられる次の元素はリチウムだったのだ。水素同様，リチウムも原子価1であるため，リチウムは第2周期の1番目となる。ベリリウム，ホウ素，そして炭素と続き，それぞれ一つ前の元素よりも質量と原子価数が増える。続く三つの元素，窒素からフッ素では原子価が減少するが，ほかにも非金属的性質をもつなど，周期の初めの方に見られる金属元素とは大きく異なる性質をもつ。次の元素はナトリウムである。金属的で原子価1をもつので，第3周期にくる。メンデレーエフの表は非常にうまくできていた。なぜなら，本人はわかっていなかったが，40年後に明らかにされる原子の基本構造を反映していたからである。

性質を予言する

大胆にも，メンデレーエフは自らの周期表を使ってまだ発見されていない元素の性質を予言した。たとえば，亜鉛とヒ素のあいだには二つの空欄があった。メンデレーエフは一つ目の空欄をエカアルミニウム（アルミニウムの一つ下）と呼んだ。そしてその原子価とおよその密度，融点を予測した。その隣の空欄に入る元素はエカケイ素と呼んだ。1885年になるまでに，メンデレーエフが正しかったことが証明された。エカアルミニウムはガリウム，エカケイ素はゲルマニウムと名づけられた。

64 陰極線

ガイスラー管は，その後，光るだけでなく，影を映すことのできる光線になった。この謎めいた光線は，電気や磁石，光と共通する特徴をもっていた。では，この光線は一体，何なのだろうか？

陰極線管は旧式のテレビに内蔵されており，クルックス管と同じようなはたらきをした。

1870年代初期，英国の物理学者ウィリアム・クルックスは，1850年代に発明されたガイスラー管に改良を加えた，より強力なガス放電管を開発した。クルックスは管内の気体の量をガイスラー管の1万分の1にまで減らした新しい真空管「クルックス管」を発明したのだ。さらに，ガイスラー管よりもはるかに強い電圧を管内の気体に加えることができた。

暗い空間

クルックスは，陽極と陰極の二つの電極の空間を希薄なガスで埋め，そこに強い電流を流すと光は明るくなるだけではないことを発見した。陰極に近い領域は暗いままで，陽極に近づくにつれて光が増すのだ。このとき，光線は陽極を通り過ぎ，管の突き当たりで薄気味悪く光る薄青い光を形成した。

常識からして，光線は陽極ではなく陰極から放出されると考えられたため，暗室でもっともよく見えるこの謎めいた光は「陰極線」と名づけられた。陰極線は特定の方向性をもち，熱や太陽光のようにあらゆる方向に放射しているわけではないことがわかった。また，陰極線は，磁場によって曲がれば，管の中に納められた風車を回転させもした。数々の驚くべき特性が明らかになり，やがて陰極線は原子内部から出ていることが明らかになった。

チューブの見過ぎ

米国では年配の人がよく「若い人たちはチューブ（管）ばかり見ている」などといったりする。チューブというのはテレビのことである。近年は「フラットスクリーン」のテレビが主流だが，当初は陰極線によって像が作られていた。陰極線管はクルックス管がわずかに進歩したものである。明滅している光線は電磁石の力を受けてスクリーンの裏をさっと通り抜けるのだが，その際にスクリーン内部を覆うリンが，ほとんど目に見えない陰極線を光（と色）の点に変換して動画を作っている。

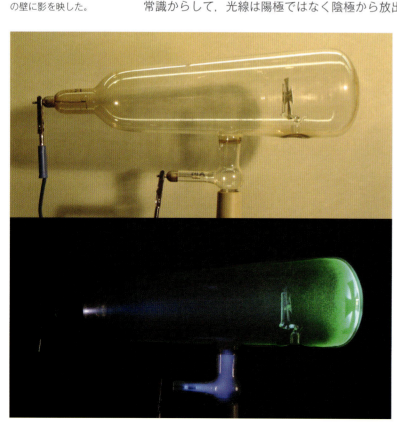

ユリウス・プリュッカーは，蝶番を付けたマルタ十字形の陽極（右）を使うことによって，光線は陰極（左）から放出されていることを証明した。陽極を倒しているとき，光線は管の奥の壁全体を光らせた。十字を起こすと，いつも通り管の中に電流が流れたが，十字は光線をさえぎって奥の壁に影を映した。

65 半導体

半導体は，導電体にも絶縁体にもなり，現代のデジタル社会の基礎を築いた物質である。ただ，半導体の性質が発見されたときのことはほとんど忘れ去られている。

1820年代，ドイツの物理学者ジョージ・オームは，やがて自らの名前がつくことになる法則の研究に取り組み始めていた。オームの法則とは，導電体を通る電流は電流を押し流すために加えた電圧に比例するというものだ。この二つの値を関係づける係数は抵抗であり，1870年代までは，抵抗はおおむね定数であると考えられていた。抵抗が大きすぎて電流がまったく流れないとき，その物質は絶縁体と呼ばれ，オームの法則には当てはまらなかった。

フェルディナント・ブラウンは高校教師としてはたらいているときに半導体を発見した。

結晶導電体

1876年，若い大学院生のフェルディナント・ブラウンは，オームの法則が成り立たない場合の論文をライプチヒ自然協会に提出した。ブラウンは方鉛鉱（天然の硫化鉛）の結晶に，ほかの鉱物にはあまり見られない特性を発見した。方鉛鉱の導電性を調べていた人は，これまでにもいた。しかし，ブラウンは非常に精密な針の形をした電極で，しっかりと結晶に接触させたのだ。その結果，ブラウンは二つの現象を記録している。一つは，電極がつけられたときは導電体としてふるまうが，電流の向きを反対にすると絶縁体となる結晶があるということ。もう一つは，結晶は電圧を上げるに従い絶縁体から導電体に変わり，観察される電流の増加具合はオームの法則で予測されるような直線にならないということだった。ここに，半導体という新たな種類の物質が発見された。

ブラウンは続けて優れた研究を行い，1909年には無線通信の技術における貢献でグリエルモ・マルコーニとともにノーベル賞を受賞した。しかし，ブラウンがもっとも有名なのは，テレビの前身となる陰極線オシロスコープの発明のためである。

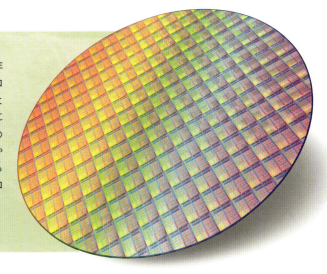

電気回路から電子回路へ

ケイ素やほかの半導体の原子内部の様子を解明するには，さらに60年の歳月を要した。そしてこの問題が解決したとき，突如としてエレクトロニクス産業が花開いた。ただし，ブラウンの最初の発見はすでに整流器として実用化されていた。整流器とは，電流の逆流を防ぎ，電流が一方向にしか流れないようにする装置である。整流器は交流を直流に変換するために使われ，最初のラジオで主要な部品となった。ブラウンによって明らかにされた二つ目の現象は，半導体の電気的性質はオンとオフに切り替えられるということであるが，これはまさにコンピュータの心臓部，マイクロプロセッサといった電子回路で使われている。

多くの集積回路（マイクロチップ）は，傷のないシリコンの単結晶を薄くスライスしたシリコンウエハーの表面にエッチングを施して作られている。

66 活性化エネルギー

多くの化学反応は，反応を開始させるために最低限のエネルギーが必要である。水とナトリウムや強酸とマグネシウムのように，自発的に起きる反応もわずかにあるが，ほとんどは反応を起こすために助けが必要なのだ。1889年，スウェーデンの化学者がこのような「エネルギー障壁」を説明する方法を考えついた。

スヴァンテ・アレニウスもまた化学で優れた功績を残した人物である。アレニウスは，大気中の二酸化炭素の保温効果を定量化した初めての科学者の一人だ。この効果は，のちに温室効果と呼ばれるようになり，気候変化の主要因として考えられるようになった。

スウェーデンはストックホルムの研究室で実験を行うスヴァンテ・アレニウス。アレニウスは，化学物質が反応性の高い水素イオンに解離すると酸になるという理論を正しく予測したことで有名である。この理論はのちにほかの研究者らによって取り入れられ，「水素イオン指数」であるpHに体系化された。

エネルギー障壁

1889年，アレニウスは「活性化エネルギー」という用語を使って，二つの反応物質が生成物を形成するために越えなければならないエネルギー障壁を説明した。この活性化エネルギーが高ければ高いほど，反応は起こりにくい。温度は，ある物質に含まれる全粒子の平均的エネルギーを表す物差しの一つである。冷たいサンプルでも，いくつかの分子は反応を起こせるだけのエネルギーをもっているかもしれない。ただし，反応は少しずつ進む。サンプルを熱すると障壁を乗り越えるのに十分なエネルギーをもった分子の数が増え，その分多くの生成物が形成される。

エンタルピー

1890年代，マルセラン・ベルテロは，アレニウスの式と呼ばれる活性化エネルギーの計算式を用いて，発熱反応か吸熱反応かを示すことを可能にした。発熱反応の生成物は，より少ないエンタルピーをもっている。つまり，生成物のエネルギーは反応物質のエネルギーよりも合計エネルギーが少なく，反応に伴いその差分のエネルギーが熱として放出される。吸熱反応はその逆だ。高い温度で反応させたり，反応を開始するために熱を加える必要があったりもするが，結果的に熱（＝エネルギー）の吸収が生じるので周囲を冷たくする。発熱反応は分かりやすいだろう——燃料が燃えるようすを考えてみればよい。吸熱反応は，なじみが薄いかもしれない。身近なものでは，重曹をレモンジュースに入れてかき混ぜると温度がわずかに下がるのがそれだ。

酸化鉄を使った溶接法では，鉱物に含まれる鉄がアルミニウムで置換され，純鉄を生成しながら高熱を発する。この反応の活性化エネルギーは非常に高く，最初は2,000℃近くにまで加熱する必要があるが，取り入れるエネルギーよりもはるかに多くのエネルギーを放出する。

67 X 線

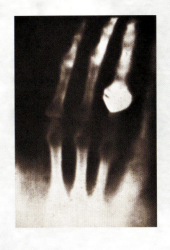

1895年に撮影された最初のX線写真には，アンナ・レントゲンの指にはめられた指輪と彼女の骨が映し出されている。写真を見た彼女は，「自分の死にざまを見たわ」といったという。

陰極線には可視光のほかにも何かが含まれているのではないか，ということは長くいわれていた。何人かの研究者たちはすでに，目に見えない光線が印画紙を曇らせることを発見していた。そのなかの一人がこのような光の存在を奇妙に思って「X」と記録し，その名称が定着した。

1895年にこの光線を記録した人物は，ドイツのヴィルヘルム・レントゲンである。正確な発見については謎に包まれているが，レントゲンはクルックス管（おそらく，アルミニウム製の「レーナルトの窓」をつけて，光線をガラス管から取り出せるように改造したもの）を覆って，光が漏れないようにした。暗い研究室であるにもかかわらず，管の近くに置いた感光性のスクリーンは，陰極線によって照射されたときと同じように光った。レントゲンは，このX線が通り抜けることのできる材料をいろいろと調べたが，そのなかには彼の妻の手もあり，これが最初のX線写真となった。あとには，X線のほかにも目に見えない放射線はあるのだろうかという疑問が残った。

68 放射能

X線が発見された翌年，フランスのある物理学者は，特定の物質に見られるりん光性の輝きはレントゲンが発見した謎めいた光線の源かもしれないと考えた。彼の理論はまちがっていることがのちに証明されたが，いずれにしても，化学におけるまったく新しい分野を導いた。

ベクレルの写真乾板に映し出された黒い斑は，ウラン鉱物によって放射された未知の光線の存在を示した。

アンリ・ベクレルが行った実験の一つに，暗闇で光るりん光性の鉱物を印画紙で包むというものがあった。初めは不可視光線の存在を示す影はまったく写らなかったが，ピッチブレンド（ウランの鉱物）を試すと影が写った。さらに研究を続けると，りん光性でないウラン鉱物でも同じ結果が得られた。「ベクレル線」と名づけられたこの光線は，のちに放射能と改名されたものの存在を示す初めての証拠となった。

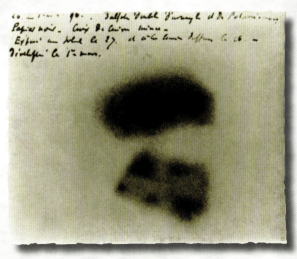

69 電子の発見

これまで想定されていた元素リストから光と熱が省かれる一方で,化学者はいまだに陰極線の分類に頭を悩ませていた。光を放ちはするものの,多くの点で,陰極線は金属や気体と似た特性をもつ微小粒子としてふるまうからだ。1897年,英国の物理学教授は光線の重さを量ることに成功し,驚くべき結果をもたらした。

通称 J. J. の名で親しまれているジョゼフ・ジョン・トムソンは,若くしてすでに,世界でも優れた物理学教授の一人となっていた。原子はこれ以上壊したり分割したりできないというこれまでの思い込みを打ち砕き,原子はさらに小さな粒子から構成されているということを示したことから,科学者として高く評価されたのだった。

曲がる光線

トムソンの発見への道のりは1897年,周波数の単位としてその名を永遠に残したハインリヒ・ヘルツの実験を検証したときに始まった。陰極線は陰極とは反発し,陽極には引き寄せられるように見えた。そこで,ヘルツはクルックス管内の2枚のプレートによって作られる別の電場によって陰極線が曲がるかどうかを試験した。1枚のプレートはプラスの電荷を帯び,もう1枚のプレートはマイナスの電荷を帯びている。ヘルツが行ったこのときの実験では,光線はこれらの電荷に影響を受けず,それ自体は電気を帯びていないということが示された。しかし,トムソンが管を改良してより真空に近い状態で実験を繰り返してみると,陰極線はプラスのプレートに向かって曲がったことか

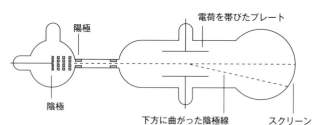

ケンブリッジ大学キャヴェンディッシュ研究所の研究室で使われているトムソン陰極線偏光管。この研究所の名称は,水素の発見者であるヘンリー・キャヴェンディッシュの名前を取ってつけられた。

ら，陰極線はマイナスの電荷を帯びているという結論に達した。（ヘルツが使った管では，残っていた余分な気体がプレートによって電荷を帯び，通過する陰極線に与えられるはずの影響を打ち消してしまっていたのだ。）

電子の質量

陰極線が磁場に反応するということはすでに知られていた。そこでトムソンは，磁場による影響と電場による影響を比較することにした。そして陰極線の速度と比電荷を算出することに成功した。比電荷とは，物質の電荷と質量の比を表したものである。驚いたことに，トムソンによってコーパスル（corpuscles）と名づけられた陰極線の中にある微粒子は，すべての元素のなかでもっとも軽い水素原子のわずか1,800分の1の重さしかないという結果を得た。

さらに，陰極線は丈夫な金箔を透過し，原子ほどのサイズの物が空気中を移動できると考えられる距離よりもずっと遠くまで移動した。結論はただ一つ，コーパスルは原子よりもずっと小さいということだった。electron（電子）という用語そのものは，電気を運ぶ理論上の荷電粒子として数年前に作られていたが，この呼び名は，トムソンが原子よりも小さい「原子構成粒子」を初めて発見したことによって，現実に存在する粒子に対して使われるようになった。

ジョージ・ストーニーは1894年に，原子を構成する物質で電荷を帯びたものを指してelectron（電子）という言葉を考案した。

70 プラムプディング原子モデル

電子が発見されると，さらに大きな疑問が浮上した。電子はどこから来ているのか？ 20世紀に入ろうかというこの時代，最良の答えは伝統的なクリスマスのデザートにあった。

J. J. トムソンは陰極線の実験を行い，陰極線管の中の電極をどんな物質で作っても，電子の質量に違いは生じないことを示した。トムソンは，荷電した微粒子は電場によって陰極から押し出されるという仮説を信じていた。そして陰極は電気を通したときだけ電荷を帯びることから，本来電気的に中性である原子の中には負の電荷をもっている電子があり，したがって，電子が原子を離れると，プラスに荷電された構成要素が後に残ると考えた。トムソンは，クリスマスプディングの中のプラムのように，マイナスの電子は原子のプラス部分に散らばっているのだと提案した。ただの推測に近い「プラムプディングモデル」は，しかし，当時の科学が提供できる最高のものだった。〔プラムプディングになじみのない日本では，このモデルは「ブドウパンモデル」とも呼ばれている。〕

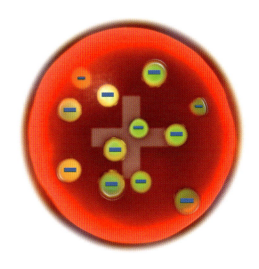

プラムプディングモデルでは，原子は固体物質であると推測されていた。

71 貴ガス

1890年代，化学者たちが気体の元素を新たに単離するようになると，それらの元素が周期表に入る余地のないことが明らかになった。また，それらの気体は化学において重要な役割を担っているようにも見えず，一般的な元素と一緒くたにするには「高貴すぎる」ということから「貴ガス」の名がついた。〔日本では分離や単離が難しかったことから「希ガス」とも表記される。〕

ヘリウムは，メンデレーエフが最初の周期表を考案する以前から新元素として特定されていた。ただし，それは太陽光のスペクトル線としてのみ理解されていただけで，だれも単離したことはなく，原子量や原子価を計算するだけに留まっていた。その結果，メンデレーエフはヘリウムに注目しなかった。ヘリウムの最初のサンプルは，英国のウィリアム・ラムゼーが，1895年にノルウェーから送られたウランを豊富に含む鉱石から採取した。この気体は，放射性崩壊によって鉱物内部で生成されているものだった。軽いということを除けば，ヘリウムは，ちょうど1年前に単離された新しい気体のアルゴンとほぼ同じ特性をもっていた。

隠れていた空気成分

ラムゼーは，英国人で一般にはレイリー男爵と呼ばれていたジョン・ストラットとともにアルゴンの発見に尽力した。レイリーは，大気から単離した窒素ガスと化学的に発生させたサンプルに相

なぜ反応しないのか？

多くの原子は互いに反応し，結合する。なぜ結合するのかといえば，それらの原子構造がある意味不完全だからである。金属類は電子が多すぎる一方，非金属は電子が少ない。そこで，反応することによってバランスを保とうとしているのだ。貴ガスは周期表の中で特別な場所に置かれている。たとえばヘリウム（右図）のように，これらの元素はもともとバランスがとれているので，ほかの元素と反応する必要がない。

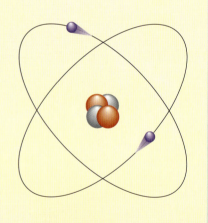

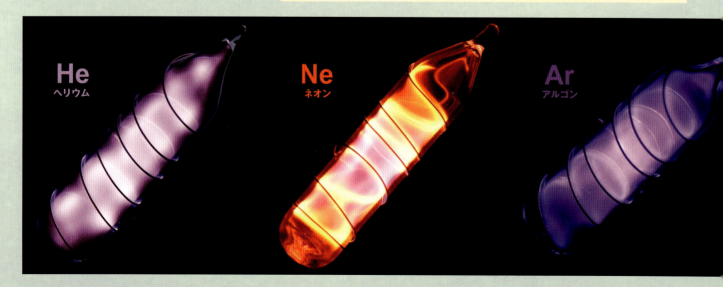

He ヘリウム　Ne ネオン　Ar アルゴン

違があることに気づいた。メンデレーエフは，そのわずかな違いは窒素原子が N_2 分子ではなく N_3 分子を形成するときがあるためではないかと提案した。ラムゼーとレイリーはさらに研究を行った。大気中にある既知の気体をすべて順序よく取り除き，未知の気体サンプルをわずかに残したのだ。二人はそれをアルゴンと名づけた。その名前は，「怠け者」という意味のギリシア語からとった。それというのも，アルゴンはほかの元素とまったく反応しないからだ。つまり，アルゴンは原子価ゼロなのである。

空気を冷やして

1898年，ラムゼーは最新の冷凍技術で空気を液体化することにより，さらに三つの貴ガスを発見した。ラムゼーは液体化した空気を熱し，それぞれの気体が順次蒸発していくところを採取していった。アルゴンは大気の0.9%を占めていた。新たに発見した三つの気体はさらに少なかった。それらの元素は，ネオン，クリプトン，キセノンの順に原子量が増す。それぞれの名称はギリシア語で「新しい元素」，「隠された元素」，「奇妙な元素」という意味の言葉に由来する。

すべての貴ガスは化学的に不活性である。伝統的ないい回しをするなら「高貴すぎる」のだ。（高貴な元素にはほかに金と白金も含まれる。これらもほかの元素とほとんど反応しないためである。）貴ガスの原子量から，それらの元素は周期表に八つ目の族を形成し，各周期の最後の欄に当てはめることができた。1902年，メンデレーエフは心を変えて原子価0の元素を含む0族を周期表に加えることにした。（のちのバージョンでは，8族や18族として表されることもしばしばあった。）ラムゼーはこの族に含まれる未知の元素を予測した。そして，それらの元素はやがて放射能の研究のなかで明らかにされていった。

アルゴンレーザーは，ふき出す蒸気の速度を測定するために使われる。ヘリウム，ネオン，アルゴン，クリプトンは，いずれも特定の光の波長をもつレーザーとして使われている。

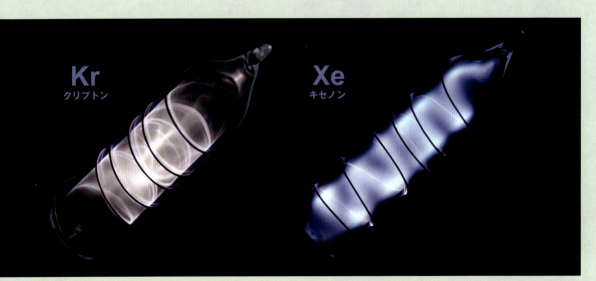

貴ガスはガス放電管内で特定の色に光る。特にネオンの赤色は特徴的だったので，20世紀初期にニューヨークやパリなどで，24時間眠らない新しい街のおすすめスポットを照らす「ネオンサイン」として利用されるようになった。

近代(1900年~現代)
72 キュリー夫妻

放射能にもっとも関係のある人物を一人挙げよと聞かれれば，誰もがキュリー夫人というだろう。長年に及ぶ苦労と個人的な苦難を乗り越え，「ベクレル線」の正体を突き止めたのはキュリー夫妻だった。

キュリー夫妻は世界的名声を得たにもかかわらず，生涯裕福になることはなかった。ピエールは科学界から認められて間もなく交通事故で亡くなった。

マリー・スクウォドフスカは聡明だが，生まれ故郷のワルシャワからパリへ亡命し，苦労したポーランド人の科学者である。1894年，自身の研究場所を探していたマリーはピエール・キュリーに出会う。彼は電磁気学分野においてすばらしい経歴をもつ物理学者だった。二人は翌年結婚し，夫婦になっただけでなくノーベル賞の共同受賞者ともなった。

1897年に第一子が生まれてすぐ(この娘イレーヌもまたノーベル賞受賞者である)，マリーはベクレルが近頃発見した光線についての研究を開始した。マリーは，同じ不可視光線を生成する鉱物をより多く発見することに没頭した。1898年，彼女はトリウム化合物もウラン化合物同様に放射性であることを発見する。放射性(radioactive)という言葉は，彼女が放射(radiation)と活性(active)を合わせて作った。この時点で，ピエールは自分の研究を一時停止してマリーの研究に加わった。

欠けていたピース

キュリー夫妻はピッチブレンド(ウランとトリウムがともに豊富な鉱物)が，実際に含まれているウランとトリウムの量から予測される放射線よりも多くの放射線を出していることを発見した。つまり，ピッチブレンドの中には，新元素となる別の放射性物質も含まれているということが示されたのだ。そして夫妻は，この強力だが非常に微量の物質を単離するきわめて困難な仕事に取り組み始めたのだった。この研究には，大量の鉱物から不要な元素をすべて化学的に取り除いていく忍耐が必要とされた。ピエールはリウマチを患い，そのため0.5トン以上もあるピッチブレンドを処理するのはマリーに任された。4年が過ぎ，夫妻は彼らを批判する人々を納得させるのに十分な量の新しい金属元素を集めた。名称は祖国ポーランドにちなんで，1898年にポロニウムと名づけた。嬉しいことに，そのサンプルにはさらに別の重い放射性の金属が含まれていた。夫妻はこの元素が放射性のバリウム(radioactive barium)のようであることからラジウム(radium)と名づけた。ピエールは1906年に事故で亡くなった。一人きりになったマリーのキャリアは男性優位の社会によって弊害を受けたが，彼女の功績は守られた。

キュリー夫妻は隙間だらけの倉庫に研究室を作った。マリーの記録によれば，冬に室内温度が氷点を上回ることはめったになかった。それでもマリーは，温度が放射性放射に与える影響を調べる機会として利用した。夫妻は困難にもひるまなかった。

政治的な元素

キュリー夫妻が，初めて発見した元素にポーランドにちなんだ名前を選んだことは，この時代において高い政治的活動といえる。当時，この国はオーストリア，ペルシャ，ロシアのあいだで分割されていた。ポロニウムは，マリーの母国の自由を求めるキュリー夫妻の訴えであった。

キュリー夫妻は長い年月を費やして，何トンもの鉱物からほんのわずかな放射性金属を単離した。

73 物質の変換

放射能の研究はまったく予期せぬ成果をもたらした。錬金術師が長年取り組んでいた謎をついに解き明かしたのだ。

放射能は物質の構造をひも解く手がかりを科学者に与えた。ニュージーランドのアーネスト・ラザフォードは、その手がかりを最初につかんだ一人だった。別の時代であれば、彼は自らの発見によって魔術師の汚名を着せられたかもしれない。しかし、科学的なアプローチで、驚くべき真実が明らかになった。元素は姿を変えて別の元素を形成することができた。錬金術師が目指していた物質変換が実現したのだ！

放射線の種類

若きラザフォードは母国の大学で優秀な成績を収め、24歳になるころにはケンブリッジ大学のJ. J. トムソンのもとではたらいていた。ラザフォードのウランに関する研究は1898年に急進展を見せた。金属ウランから放出される放射線には、2種類のタイプがありそうだった。ラザフォードが命名したα線は薄い金箔によって遮断されるが、β線は金箔を透過した。1900年、アンリ・ベクレルはβ線が陰極線と同じ粒子から構成されていることを示した。つまり、β線は電子であった。α線は金箔によって遮断されるので、より大きな粒子から作られていると考えられた。（1908年、ラザフォードはこれを証明した。）また1900年、別のフランス人ポール・ヴィラールはラジウムから放射される第三のタイプの放射線を発見した。これはラザフォードが観察した二つの放射線のどちらよりも強い透過力をもっていた。

変換

ラザフォードはモントリオール州のマギル大学教授となり、助手の一人に英国人のフレデリック・ソディを指名した。1901年、二人はトリウムが放射能だけでなくある種の気体を放出することに気づいた。さらに、化学分析によってトリウムがあったところにラジウムが形成されていることが示されたのだ。この結果を見たソディが「ラザフォードさん、元素が変換したのですよ！」と報告すると、ラザフォードはこういったという。「よく聞いてくれよ、ソディ、変換したなんていわないでおくれ。そ

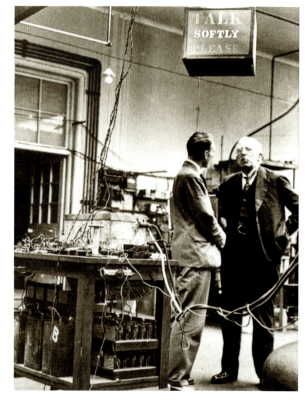

アーネスト・ラザフォードは、自らいくつかの発見をしたケンブリッジ大学のキャヴェンディッシュ研究所で、さまざまな実験を監督した。1927年、ラザフォードは、窒素原子にα粒子を衝突させることによって酸素原子に変換する核変換を実演している。

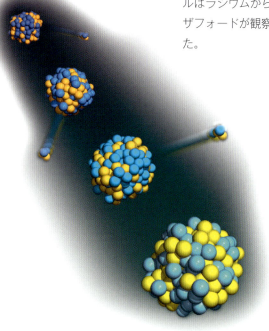

ラザフォードによってα線と名づけられた物質は、陽子2個と中性子2個からなるヘリウムの原子核と同じ構造をもつ粒子であることがのちに示された。α粒子は、放射性原子の核から放出される。α粒子は陽子二つ分のプラス電荷をもっているが、ヘリウム原子で見られるような、バランスを取るためのマイナスの電子はない。

電離放射線

すべての放射線が放射能によって作られているわけではない。光や熱も放射線の一種である。ただし，放射性元素から放出される放射線は原子を電離する（電子を引きはがす）のに十分な，高いエネルギーをもっている。そのため化学物質を変化させたり生体組織に損傷を与えたりする。α粒子はもっとも危険だが，皮膚によって遮断される。ほかの放射線はより透過性が高いが与えるダメージは少ない。

うでないと我々は錬金術師として打ち首にされる。」しかし研究では，放射線量は変動し，いったん止まったかのように見えても結果的に今まで以上に強くなることが示された。1903年，ラザフォードとソディは，発見したことをまとめ，「放射性変換理論」と新たに名前をつけて，放射線の放射はある元素の原子が崩壊し，別の元素の原子になった結果生じると述べた。崩壊のプロセスは，安定した元素が形成されるまで続く。たとえばウランであれば，12種類の不安定な元素を経て最終的に鉛に落ち着く。アリストテレスが予言したものとはやや違うが，このような変換は，またしても化学の規則を書き換えることとなった。

74 光電効果

1880年代，ハインリヒ・ヘルツは，明るい光を電極に照射すると電子の活動が増すことを発見した。1905年，アルベルト・アインシュタインはこの光電効果を利用して光の本質について調べた。

アインシュタインは相対性理論で有名だが，光電効果でノーベル賞を受賞している。

18世紀以来，光は波として考えられていた。それには十分な証拠があったので，アインシュタインはその理論を反証しようとはしなかったが，光は粒子でもあると述べた。アインシュタインは，その粒子を光子と呼び，各光子は一定量のエネルギー（量子）をもっていると考えた。光や電磁波などの光子が導線に当たると，光子のエネルギーが電子に移動し，電流として流れる。反対に，物質は光子を放出することによってエネルギーを放出することもできる。

75 半減期

すべての放射性物質が同じ速さで崩壊するわけではない。1907年，この速度を測定する方法が定式化された。

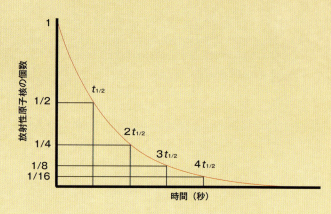

このグラフが示すように，半減期はもとの物質がこれまでに崩壊した量に関わらず一定である。

放射性の元素がいつ崩壊するのかを正確に予測するのは不可能である。そのため確率という形で表現されている。強い放射能をもつ元素は，弱い放射能をもつ元素よりも早く崩壊する。アーネスト・ラザフォードらは，異なる放射性元素の崩壊速度を記録し，各元素の半減期を示した。これは元素の半分が崩壊するのに必要と考えられる時間である。たとえば，自然界に存在するほとんどのウランの半減期は44億6千万年で，およそ地球の年齢に等しい。つまり，地球が誕生したときに存在していたウランの半分は，今はなくなっているということだ。

76 ハーバー法

文明化にもっとも大きく貢献した化学といえば，ハーバー法を一番に挙げることができるだろう。ハーバー法は化学技術を産業に応用したもので，空気中の窒素を化学肥料に変えるというものである。現在は，何十億人もの人々を養うのに十分な穀物を育てるために利用されている。

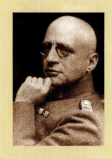

まるで映画「オースティン・パワーズ」に出てくるドクター・イーブルの双子のようなフリッツ・ハーバー。この人物は，第一次世界大戦で使用された化学兵器の発明家でもあった。大量殺りくのために化学知識を応用したのはたしかだが，彼が行った研究を総合的に見ると，殺害したよりもはるかに多くの命を救ったことはまちがいない。

化学肥料を使わない有機農業も盛んだが，化学肥料の製造も，今や大きな化学産業となっている。ただし肥料の使用自体は，今に始まったことではない。産業革命前の農業社会では，やせた土地を回復させるために沈泥でいっぱいの洪水に頼ったり，肥沃な土地をつくるために森林の一部を燃やしたり，穀物の収穫を増すために動物や人の糞尿を畑にまいたりした。

すべての生物は，体を作るタンパク質を形成するために，鎖状につながるアミノ酸の材料となる窒素の供給が欠かせない。動物は植物を食べることによって窒素を取り入れる。植物は可溶性窒素化合物（主に硝酸塩）を根から吸収する。これらの化合物は複雑なリサイクル工程によって土壌にしみ込んでいるが，それらはバクテリアが生き物の死骸を腐らせることによって，あるいは別のバクテリアが空気中から直接窒素ガスを変換して植物に好ましい形態に換えることによって作られている。

グアノ

グアノとは，南米地方で話されているケチュア語から生まれた「糞尿」を意味する言葉であり，主に乾燥した鳥の糞からできた堆積物である。チリ人とペルー人が住む沿岸近くの島々は涼しくて乾燥した環境であることから，海鳥のグアノが大量に堆積する。1860年代，これら「グアノ島」を巡り戦争が起きた。当時グアノは，肥料だけでなく火薬として使われる硝酸塩に最適な原料だったのだ。

需要と供給

　1898年，陰極線で有名なウィリアム・クルックスは，人口はすぐに増加して文明による食料生産能力を超してしまうだろうと予言した。必要とされるのは，収穫を増やす方法である。しかし，下水汚泥やグアノといった天然に生じる肥料の供給量には限りがあった。

化学的手法

　空気の4分の3以上は窒素であるが，窒素は化学的にほとんど不活性で，空気中の窒素を可溶性化合物に変換するための実用的な化学的技法はなかった。しかし，ドイツのカールスルーエ大学ではたらいていた化学者フリッツ・ハーバーは，1908年に，空気中の窒素と水素を反応させてアンモニア（NH_3）を合成するハーバー法を開発した。ただし，これらの気体を反応させるには，大気圧の200倍という高圧が必要であり，さらに鉄触媒を通さなければ反応しない。

　翌年，この有望なハーバー法をもとに，工業化学者カール・ボッシュは大規模スケールで行える方法を考案し，現在の名称となっているハーバー－ボッシュ法が生まれた。最初のアンモニア工場は1911年に登場し，33トン分の大気中窒素を1日でアンモニアに変えた。ハーバーは1928年にノーベル化学賞を受賞したが，カール・ボッシュの功績は1931年のノーベル賞でようやく認められた。

　アンモニア自体は有毒物質である。肥料やほかの生産物（主に爆薬）を大量生産するにはオストワルト法が必要だった。オストワルト法はドイツのフリードリヒ・オストワルトが1902年に特許を出願した技法である。白金触媒を用いてアンモニアを酸化し，生成された一酸化窒素を水と反応させて硝酸を生成すると，すっかり実用的な化合物となる。

ハーバー法は，第一次世界大戦における重大兵器だった。英国海軍は南米からの天然硝酸塩の原料を遮断していた。ドイツ軍は，ハーバー法によって供給される薬品なしでは，数カ月とたたないうちに火薬不足に陥っていただろう。

ハーバー法から生まれた農芸化学は，20世紀の農業を大きく変えた。1940年代から1970年代の緑の革命では，農業技術がインドやほかの発展途上地域に伝わり，多くの場所で凶作の問題を回避することができた。

77 核の発見

長きにわたる研究のなかで最後の最後に試みた実験が成功し，その結果，プラムプディングの原子モデルは否定されて新たな原子モデルが提唱された。この偉大な発見に一役買ったのは，またしてもアーネスト・ラザフォードであったが，もう一人，放射能と切っても切り離せない人物がいた。

1907年，ラザフォードは英国に呼び戻され，マンチェスター大学教授に就任した。翌年，カナダでの研究でノーベル賞を受賞したが，彼はこのときすでに新たな発見に向かっていた。ラザフォードは，若いドイツ人のハンス・ガイガーの助けを借りて放射線量を測定する装置ガイガーカウンターを開発した。ラザフォードはこの測定器を利用してα線を単離した。スペクトル解析により，α線は実際にヘリウムの原子核と同じ特性をもつ粒子であることが明らかになった。

金箔の実験

1909年になると，ラザフォードは別の実験に取り組み，ガイガーもこの研究に加わった。ラザフォードは，彼が新たに発見したα線粒子を利用してプラムプディングの原子モデルを検証しようと考えたのだ。もしプラムプディングの原子モデルが正しければ，正電荷をもつ「プディング」の中で「プラム」である電子は非常に正確に配置され，原子に不均一に帯電している領域はないはずだ。ラザフォードは，もしこれが真実なら，正電荷をもつα粒子は金箔を真っ直ぐに抜けつつ，原子の中

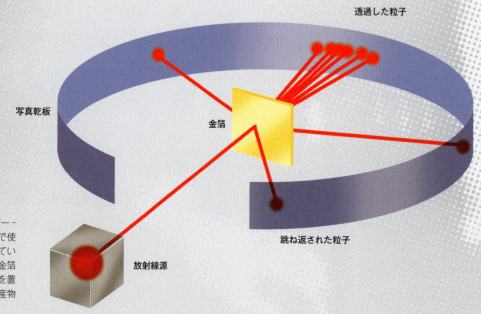

この略図は，ガイガー－マースデンの実験で使われた装置を表している。研究者たちが金箔の周囲に写真乾板を置いたのは後知恵の産物だった。

原子核の存在を初めて証明した実験で使った蛍光板（上）とともに撮影されたアーネスト・ラザフォード（右）とハンス・ガイガー（左）。

にある負電荷の電子によってわずかにブレるだろうと考えた。ラザフォードは，ガイガーとニュージーランド人の同僚ジョージ・マースデンにこの試験を行うよう指示した。

しかし，結果は期待に反し，α粒子は金箔を真っ直ぐに透過しているだけで，プラムプディングの原子モデルを否定する証拠らしきものは得られなかった。だがラザフォードはあきらめなかった。跳ね返されている粒子がないことを確認するために，金箔の周囲に写真乾板を置いてみてはどうだろうか，と二人に提案したのだ。繰り返し実験を行ってみると，たしかにわずかな数のα粒子が金箔に反射していた。ラザフォードはこの結果を聞いたとき，喜びのあまりハカ（マオリ族の戦争のダンス）を踊ったといわれている。ラザフォードはのちに，このときのことを次のように回想している。「それはまるで，1枚のティッシュペーパーに向かって15インチの弾丸を発射したら，弾丸が跳ね返ってきみに命中したようなもの。それくらい信じられないことだったんだ。」

惑星モデル

この結果を踏まえ，ラザフォードは1911年までに，正電荷は原子の中心に小さな核となる部分，つまり原子核を形成しているという原子モデルを構築した。α粒子を跳ね返したのはこの原子核である。電子は惑星のように原子のまわりを軌道を描きながら回っていて，電磁気的な力によってつなぎ止められている。この原子モデルはわずか数年しかもたなかったが，人々に強い印象を残した。

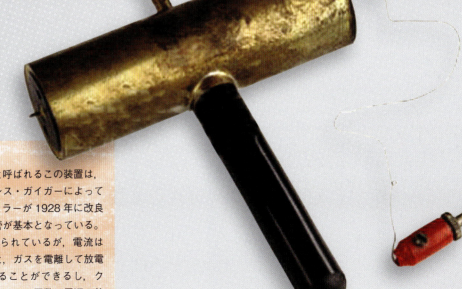

初期のガイガーカウンターは銅の管から作られていた。この特別な装置は1932年に中性子が発見された際にも利用された。

ガイガーカウンター

正式にはガイガー－ミュラー計数管と呼ばれるこの装置は，ラザフォードによって刺激を受けたハンス・ガイガーによって1908年に発明され，ヴァルター・ミュラーが1928年に改良した。これは低圧ガスで満たした密閉管が基本となっている。内部にある2本の電極には電圧がかけられているが，電流は流れていない。放射線が缶の中に入ると，ガスを電離して放電（パルス）を作り出す。パルスは数えることができるし，クリック音をつくるためにも使われた。パルスの回数は周辺の放射線量に比例する。

78 同位体と質量分析

ある元素が別の元素へと崩壊する現象を研究者たちが探求するにつれ、周期表の空欄に収まらないくらい多くの新しい物質が発見された。より詳しく調べてみると、これらの新しい物質は、既知の物質のこれまで知られていなかった形態であることが示された。それを証明するには、新しい分析方法が求められた。

放射性元素が非常に多くの新しい元素に変換するということに気づいたのは、フレデリック・ソディであった。たとえば、最終的に安定した鉛になるウラン崩壊系列では、周期表上ではこれら二つの元素は元素11個分離れたところに配置されているが、ウランから鉛に変換する過程において、40個近くもの中間体ができる。いくつかの元素には、期待を抱いた発見者によって、メタトリウムやイオニウムなどの名称がつけられていた。しかし、これらの「新しい」物質は、化学的性質を分析すると、単離不可能であることが証明された。メタトリウムはラジウムから単離することはできなかったし、イオニウムはトリウムの化学的性質をすべてもっていた。1912年、この難問に対し、ソディはまたしても型破りの提案をした。元素は複数の原子量をもつことができるというのだ。数年後、ソディの親類の一人が、ソディに提案した。周期表で同じ場所に位置するが異なる原子の種類に、「同じ位置」を意味するisotope（同位体）と名づけてはどうか。

質量の分析

ケンブリッジ大学のキャヴェンディッシュ研究所で所長を務めた偉大なるJ. J. トムソンは、同位体に関する最初の物理学的証拠を示

1950年代、質量分析計は日常的に使われる分析装置となった。この技術を見事に確立させたのは、英国の国立物理学研究所で親しげに接しているこの二人であった。

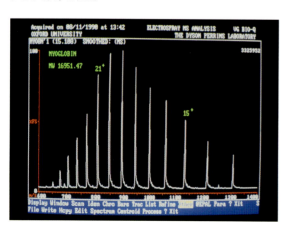

現代の質量分析計では、検出された粒子の質量と量が一連のピークとして表示される。

放射性炭素年代測定法

炭素-14は，上空の二酸化炭素分子に宇宙線が衝突して生成する放射性同位体である。生物は，食べ物などから頻繁に炭素を取り入れているため，体内にはわずかながら一定量の炭素-14が含まれている。生物が死んだり，その後衣類や骨や木の加工品にされたりすると，炭素-14の量は放射性崩壊によって減少し始める。炭素-14の半減期はおよそ5,750年である。たとえば，このエジプトのミイラなど，古代の物に含まれる炭素-14の量の減り具合を測定することにより，どれくらい昔の物であるのかを数十年単位で知ることができる。

した人物である。彼が使った陽極線管はクルックス管を改良したもので，ちょうど陰極管とは反対に，陽極から陰極へと正電荷粒子が流れる。陰極線では電子が流れるが，陽極線では陽イオン（電場によって電子をはがされた原子）が流れる。陽極線は磁場を通ると偏向するが，その角度はつねに同じというわけではなかった。このことから，陽極線管内を満たす気体の種類によって，質量の異なる正電荷粒子がつくられると考えることができた。粒子の質量が違えば，磁場によって曲げられる度合いも異なるからだ。

トムソンは陽極線管にネオンガスを入れ，陽極線を磁場と電場に通した。電場は，電荷に応じてイオンが飛ぶ軌道を変える。ネオンイオンはすべて同じ正電荷なので，偏向する方向も同じだった。いっぽう，磁場は軽いイオンほど遠くに飛ばすのだが，ネオンガスを磁場に通してみると，不思議なことに，写真乾板には1カ所ではなく2カ所に影ができたのだ。このことから，ネオンイオン（およびネオン元素）は，二つの原子量をもっていることが示唆された。これが同位体ネオン-20とネオン-22であった。トムソンの装置は最初の質量分析計（mass spectrometer）となったが，この名称がつけられたのは，気体を電荷と質量に応じて配列されるスペクトル（spectrum）に分離することができるためである。

のちの質量分析計はさらに高感度となり，今では放射性物質から法医化学サンプルに至るあらゆる分析に使われている。それでも，分析は簡単ではない。なぜならスペクトルに示される粒子が何であるか明確でないためである。それらは原子かもしれないが，イオン化した分子かもしれないし，より大きな分子が分裂した断片かもしれない。今日でさえ，質量分析する者は，ちょっとした刑事のようなものだ。証拠となるピースをつなぎ合わせて，サンプル中に含まれる物質を特定するのだ。

79 ボーアの原子モデル

量子物理学と呼ばれる新しい科学分野の先駆者たちは，原子の惑星モデルに満足していなかった。量子物理学を率いる人物の一人ニールス・ボーアは，量子力学の法則を応用して原子構造の新たな説を唱えた。

アーネスト・ラザフォードが惑星原子モデルを唱えてわずか2年後，ボーアはミクロの世界におけるエネルギーと質量の特性に関する最新の理解をもとに原子モデルを改正した。惑星モデルでは，中央の核の周囲を負電荷の電子が惑星のように回っているものとしていた。いっぽうボーアのモデルでは，核を取り囲む電子は，より拡散されたエネルギー領域に存在する。ボーアは，電子と核のあいだの電磁気的な引力および原子周囲の運動によって作られる遠心力からこの領域の位置を算出した。そして，電子は特定の位置（エネルギーレベル）に決まった数しか存在できないことを発見した。電子は，もっているエネルギーが大きければ大きいほど核から離れたところに位置する。スペクトル解析をもとに水素原子によって与えられるエネルギーを求めたところ，計算結果と合致した。この瞬間，化学は量子にたどり着いた。

量子物理学によれば，電子の位置と加速度は同時には知りえない。したがって，電子の存在は確率密度（＝核のまわりを飛び回る電子が，どの位置にはどれくらいの確率で存在するのかを表したもの）で見ることになる。

電子軌道

ラザフォードは，太陽系をイメージして，電子の運動を orbit（軌道）として説明した。ボーアのモデルはこの概念を変え，orbit は orbital（軌道的なもの）として知られるようになった。電子の軌道は，もっともエネルギーレベルが低いものは球状だが，エネルギーレベルが高いとダンベル形やドーナッツ形などさまざまな形をとる。

80 原子番号

ヘンリー・モーズリーのことを知っている人はほとんどいない。彼は第一次世界大戦で若くして命を落とした。しかし，人類がついに周期表の意味を理解できたのは，この物理学者が若干25歳にして行った研究のおかげだった。

現代の周期表は原子番号によって元素が並べられている。

ガイガー－マースデンの実験によって，原子の正電荷は中央にある核に集中していることが示された。この実験では，跳ね返ってきたα粒子と透過したα粒子の比率を統計的に分析して核の大きさを求めた。その結果，核は原子全体の直径の約10万分の1という，非常に小さいものであることがわかった。

1913年，ニールス・ボーアが原子モデルを考案したのと同じ年，モーズリーはさまざまな元素の原子から放出されるX線を研究していた。そして，元素は原子が発する可視光線の色によって特定できるのと同じように，各元素は固有の波長をもつX線を放出することを発見した。しかも，そのX線の波長と原子核の電荷には直接的な関係があることも発見したのだ。

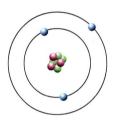

リチウムの核には正電荷をもつ3個の陽子がある。

配列システム

モーズリーはX線スペクトルによって明らかになった電荷に従い，原子番号1の水素から順に，ほかの元素にも「原子番号」を当てはめていった。この原子番号システムは周期表のほぼすべての元素の配列と一致した。ヘリウムは核に2個の電荷をもち，リチウムは3個の電荷をもつ……というように。

これまでの周期表の配列は，原子量と化学的特性のあいだにある曖昧な関係をもとにしていた。モーズリーの原子番号は，より厳密で，いくつかの元素（たとえばニッケルとコバルト）の順番を変えたり，その電荷をもつ元素がまだ特定されていないものについては新たに空欄を設けたりした。モーズリーは，初めての人工元素となるテクネチウムを含む4個の新元素の存在を予言した。

モーズリーは1951年のガリポリ作戦で命を落としたため，原子核の正電荷をつなぎとめているものの正体を発見することはなかった。それは戦後，彼の指導教授であったアーネスト・ラザフォードによって明らかにされるのだった。

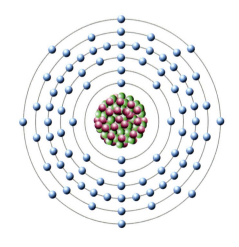

ラドンの核には86個の陽子があり，それと等しい数の電子が存在する。

81 量子飛躍

アインシュタインからマリー・キュリーまで、世界的に有名な物理学者たちが1927年のソルベー会議に集まり、その年の議題である「電子と光子」について議論した。

1920年代が近づくにつれ、原子がエネルギーを受け取ったり手放したりするなど、光の電磁気的現象を説明する原子構造の世界が明らかになった。

暗闇の光

ホタル石は蛍光を発する（＝短いあいだ暗闇で光る）ことから、その名がつけられた鉱物である。この現象は、量子物理学で説明される。ホタル石が太陽光にさらされると、鉱物中の原子が紫外線の光子を吸収する。これは人間の目には見えない。しかし少し経つと、吸収されたエネルギーは目に見える波長（＝可視光）としてゆっくり放出される。こうしてホタル石は暗闇で光り続けることができるのだ。

不気味な青い光を発するホタル石。

現代のわたしたちが理解している原子の構造は、20世紀初期の偉大なる化学者たちの研究に大きく根ざしている。アインシュタインやボーア、モーズリー、その他の人々による大発見を集約してわかったことは、どの元素も、その実体は原子であり、中心には特定の正電荷（＝原子番号）をもつ核が一つ存在する。そして、原子は全体として電気的に中性である、ということだ。つまり、原子番号分の正電荷は、同じ大きさの負電荷をもつ電子によって打ち消されている。電子はそれぞれ1個の負電荷をもっているため、原子の中にある電子の数はその原子番号と等しい。ボーアによって説明されたように、これらの電子は核のまわりの軌道的なもの（orbital：電子殻）に存在する。原子核の正電荷は、さらに何かしらの粒子によってつなぎとめられているということは長らく提唱されていたが、まだ解明には至っていなかった。

電磁スペクトル

科学の基本法則の一つに、エネルギーは作られることもなければ消滅することもなく、ある場所から別の場所へ移動するだけだということがある。量子物理学では、原子構造や、原子がエネルギーを受けとったり放したりする仕組みを説明する。これは、化学反応の理論にも役立ったが、ほかにも、分光法による原

いわゆるボーアの原子モデル。レベル3からレベル2へと電子が飛躍したときに生じるエネルギー差（ΔE）が周波数fの光子として放射する過程を示している。これら二つの変数をつなぐのがプランク定数hである。エネルギーレベルの変化が大きければ大きいほど、放出される放射の周波数は高くなり波長は短くなる。

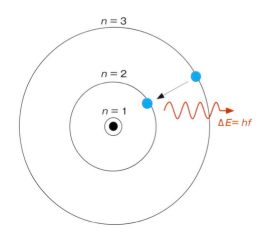

子の特定に用いられるように，原子が特定の波長の光やその他の電磁波を放つ理由も示した。電磁波にはさまざまな種類があり，もっとも長い波長をもつのは電波である。そのなかで一番短い波長なのはマイクロ波だが，それでも比較的長い波長であるといえる。その次に長い波長をもつのは赤外線で，これはわたしたちが熱として感じることができる。それから可視光線，日焼けによる赤い腫れや黒い肌の原因となる紫外線，X線，そして最後にγ線と続き，γ線がすべての電磁波のなかで一番波長が短い。γ線の光子は，もっとも大きいエネルギーをもっていて原子を電離することもできる。いっぽう，電波がもつエネルギーはもっとも小さい。

エネルギーの放出と吸収

原子が元素ごとに固有の構造を有するということは，それぞれの元素は特定のエネルギー（量子化されたエネルギー）しか吸収できないことを意味する。原子にエネルギーを与えるのは，特定の波長をもった光子である。光子がエネルギーを電子に移動させると，電子はより高い，ある特定のエネルギーレベルへと飛躍する。このような量子飛躍は非常に短い時間で起き，2段飛びしたり，電子がより高いレベルまで飛んで新しい位置に戻ってきたりすることはできない。電子がもとのエネルギーレベルに戻るときには，特定のエネルギーと波長を伴った光子として差分のエネルギーを放出する。この行程によって，熱い物質が発色したり，金属に電気を通すと電磁波やX線が放出したりする。放射性崩壊のような高いエネルギーイベントではγ線が生成される。こういったエネルギーや原子，放射線の知識を生かして，化学者たちは原子同士をつなぎとめているものの正体を探り始めた。

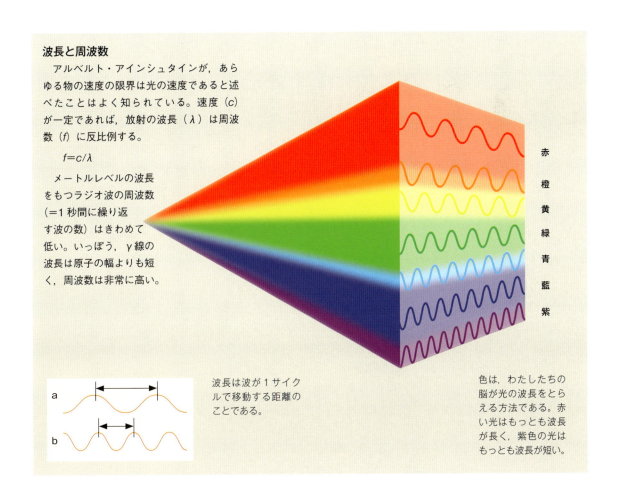

波長と周波数

アルベルト・アインシュタインが，あらゆる物の速度の限界は光の速度であると述べたことはよく知られている。速度（c）が一定であれば，放射の波長（λ）は周波数（f）に反比例する。

$$f = c/\lambda$$

メートルレベルの波長をもつラジオ波の周波数（＝1秒間に繰り返す波の数）はきわめて低い。いっぽう，γ線の波長は原子の幅よりも短く，周波数は非常に高い。

波長は波が1サイクルで移動する距離のことである。

色は，わたしたちの脳が光の波長をとらえる方法である。赤い光はもっとも波長が長く，紫色の光はもっとも波長が短い。

82 陽子の発見

原子核の発見に尽力してきたアーネスト・ラザフォードは，自ら先頭に立って原子核の構造解明に向かった。そして1917年，水素の原子核をほかの原子から作れることを発見した。

さかのぼること1815年，ウィリアム・プラウトは，比較的重い元素の原子はいずれも，すべての元素のなかでもっとも軽い物質である水素原子がいくつか塊になったものからできていると唱えていた。そして1917年，ラザフォードは窒素原子（原子番号7）にα粒子を照射すると，いくつかの窒素原子が水素原子を放出して酸素原子（原子番号8）に変わることを発見した。α粒子はヘリウムの原子核（原子番号2）であるが，窒素が酸素に変わるにあたり，ヘリウムの電荷ユニットの一つが窒素原子に受け渡され，水素の核（原子番号1）が残ったのだ。これによりプラウトが正しかったことが確認され，核電荷は粒子によって運ばれていることも証明された。水素原子には核電荷が一つしかないため，ラザフォードはそれに「最初」という意味をもつ「陽子（proton）」という名前をつけた。風変わりなことに，陽子は電子と量が等しくて反対の電荷をもつが，その質量は電子の約2,000倍もある。

83 X線結晶学

人々は，大きな結晶が対称性を示すのなら，原子レベルでも似たような形が存在するのではないだろうかと考えるようになった。その答えは，原子にX線を照射して得られた。

電磁波は粒子の流れであると同時に波のようにもふるまう。波としての電磁波は，その波長に近いサイズの隙間を通り抜けるときに波紋を作るように回折する。1912年，X線は結晶を透過するときに回折することが発見された。これは結晶中に存在する原子と原子のあいだの空間を測定することを可能にし，X線が現れる角度によって分子の構造を予想することができるようになった。1920年までには，食塩の結晶は立方体，ダイヤモンドは四面体，黒鉛は一連の六角形がくり返された構造であることが証明された。その後は，より複雑な分子が注目されるようになっていった。

回折しているX線の特徴的なパターンが映し出されている写真乾板。

84 ベンゼン環

マイケル・ファラデーが1825年にベンゼンを発見して以来，化学者たちはその分子構造に頭を悩ませていた。炭素6個と水素6個からなるこの不思議な化合物の真の性質は，X線結晶学によって明らかにされた。

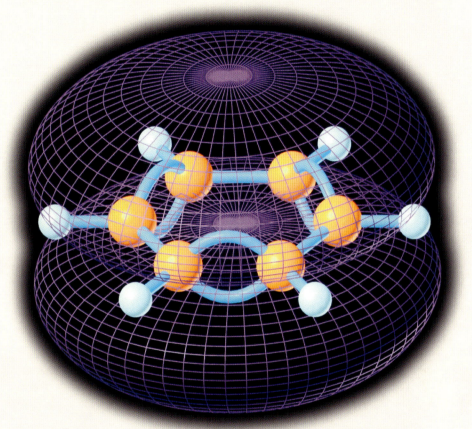

ベンゼン環の炭素原子はいずれも4本の「手」をもっているが，三つの二重結合は固定されているわけではなく，6個の炭素原子のあいだをぐるぐると入れ替わっている。そのため二重結合を作っている電子はすべての炭素原子に共有され，ドーナツ型をした電子の雲のようにベンゼン環をはさんでいる。

　ベンゼンは，化学者が芳香族化合物と呼ぶ物質のなかでもっとも重要な化合物である。化学者は，ベンゼンおよびベンゼンを含む化学物質には特徴的な性質がいくつもあることに気づいていたが，その構造は不明だった。ファラデーは，ベンゼンには6個の炭素原子があるのに，水素はたった6個しかないということを発見した。まるでパズルだ。炭素にはそれぞれ四つの結合部位がある。それでは，これらの元素はどのように結びついているのだろうか？ 2個の炭素原子が二重（または三重）の結合を作れることはわかっていた。化学者らは，複雑な十字交差分子から台形ブロックまで，あらゆる構造を提案した。1865年，フリードリヒ・ケクレはベンゼンは環状であると提唱していた。そして1929年，アイルランドの研究者キャスリーン・ロンズデールはX線回折でケクレが正しかったことを証明した。ドイツ人のヨハネス・ティーレが1899年に予測していたとおり，リングを形成するのに必要な三つの二重結合は，特定の炭素原子に限られたものではなく，どの炭素原子にも均一に分布（＝非局在化）していた。これにより，雲のような結びつきが生まれ，芳香族化合物に特徴的な安定した構造が得られていたのだ。実際，多くの芳香族化合物がDNAやプラスチックなどの高分子化合物に関与している。

85 化学結合

1920年代後半，ライナス・ポーリングは原子結合についての理論構築に着手した。これにより，のちに原子結合に関する分野の権威となったポーリングは，化学と物理に共通する多くの要素を引き合わせて，原子結合における電子の役割を説明した。

原子は陽子，中性子，電子から構成される。これは，20世紀初頭にラザフォードやボーアなど多くの人たちが協力して当時のイオン結合の理解をもとに説明したとおりだ。スウェーデン人の化学者スヴァンテ・アレニウスは，ファラデーやベルセーリウスの研究に基づき，固体の分子や結晶は，たとえば液体に溶けたり，熱により融けて液状になったりすると，イオンに電離して電気を通すようになると提唱した。これはつまり，固体の物質は，相反する電荷をもつイオン同士が電磁気的に引きつけ合うことによって結合しているということを意味した。

殻を満たすために

ボーアの原子モデルによれば，原子は十分なエネルギーを受け取ると電子が原子から離れて陽イオンとなり，原子核は正電荷のままとなってバランスの崩れを招く。反対に，陰イオンは，原子が余分な電子を受け取ったときに形成される。しかし，すべての化合物がイオン結合によって説明できるわけではなかった。アレニウスが説明したようには解離しない物質についてはどうだろう？

その答えの一つは米国人のギルバート・ルイスによって出されていた。さかのぼること1902年，ルイスは周期性について考えていた。最初の2個の元素（水素とヘリウム）は反対の性質をもつ。水素は反応性が高いがヘリウムはほとんど反応しない。2番目の周期にも同様のパターンが見られた。反応性の高いリチウムと反応性の低いネオンを両端に置いて，8個の元素が並んでいる。これは3番目の周期でも繰り返される。ルイスは，原子と原子は，8個の電子一式をもつことによって安定性を得ようとして結合するのだと解釈した。そのため，ナトリウム原子は一番外側

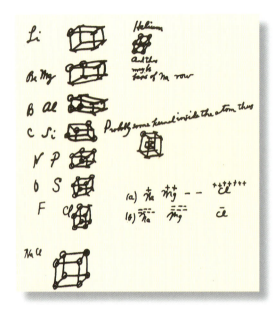

1902年にギルバート・ルイスが描いた図。異なる原子の電子が理論上の立方体の角に配置されている。

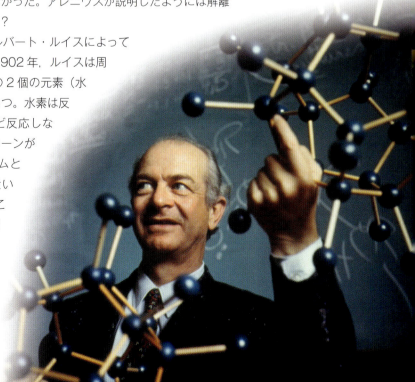

ライナス・ポーリングは，共有結合に関する研究で各結合の長さと角度を計算し，三次元の分子構造を正確に組み立てた。

の電子1個を失って陽イオンを形成し，塩素原子は電子を1個得て陰イオンを形成する。反応性の低いネオンは，すでに8個の電子一式をもっているので電子を失うことも得ることもしない。

> **2度のノーベル賞受賞**
> ライナス・ポーリングは2度ノーベル賞を受賞した四人のうちの一人である。最初は1954年に化学結合の功績で受賞した。その後，1962年には核拡散の深刻な脅威を公言することでノーベル平和賞を受賞している。世論に影響を与え，最初の核実験禁止条約の成立に貢献した。

共有結合

1916年，ルイスは非イオン化合物でも同じことが起きると提唱した。唯一の違いは，外側の電子が移動するのではなく一対の電子が共有されるところだ。このような結合は「共有結合」として知られるようになった。10年後，ライナス・ポーリングがこの概念をボーアの量子論と関係づけるための計算を行った。ポーリングは，共有結合を二つの原子の軌道を重ね合わせたものと解釈した。また，原子のなかにはほかの原子よりも多くの電子を引きつけるものがあることから，それぞれの化学結合には特定の長さがあって，短い結合がもっとも強いということを示した。ポーリングはやがて軌道の形を用いて非常に複雑な分子の三次元構造までも明らかにした。

86 最後のピース：中性子

原子番号が原子の中にある陽子の数を表しているとすれば，原子量に加算されている別の粒子は存在するのだろうか？

1920年，偉大なるアーネスト・ラザフォードは，陽子とともに原子量に加算されるものとして無電荷の原子核粒子の存在を予言していた。そして1930年代初期，研究者たちは，α粒子をベリリウムやホウ素に当てると新たな種類の放射線が発生することを発見した。この放射線は，電荷を帯びていないが，γ線にしてはあまりにも高いエネルギーをもっていた。そこでジェイムズ・チャドウィックは，さまざまな質量の分子からなる気体の中にこの放射線を入射し，発生した電気的パルスを測定することによってその質量を求めたところ，陽子とほぼ同じ重さであることを突き止めた。それこそが中性子，すなわち原子核の構造を完成させる電気的に中性の粒子であった。

中性子の質量を求める計算が記されているジェイムズ・チャドウィックのノート。実際には，中性子の質量は陽子の質量よりもわずかに大きかった。

87 実用的なポリマー

20世紀の化学者たちは天然の物質を分析するだけでなく，それらをまねすることができた。偶然の産物も多かったが，そうやって発見されたナイロンやポリエステルなどの人工的な物質が社会に革命を起こした。

ヤーコブ・ベルセーリウスが作ったもう一つの化学用語といえば「ポリマー（polymer：高分子化合物）」である。ポリマーは，モノマーと呼ばれる繰り返しのユニットが複数（おそらく数百万単位）集まり形成される大きな鎖状分子のことである。木の中のセルロース，食物に含まれるデンプン，筋肉を作るタンパク質など，自然界にある身近な物質の多くはポリマーである。

焦げないフライパン

ポリテトラフルオロエチレンという言葉にはなじみが薄いかもしれないが，これは別名テフロンと呼ばれているポリマーである。これは1938年，米国の化学者たちが冷却剤として使うための不活性ガス（現在は使用が禁止されているフロンガス）を作ろうとしていたときに偶然生まれた。そのガスが容器の鉄によって触媒され，重合して滑らかなワックスになったのだ。食材がフライパンに焦げつかないのはテフロンのおかげだ。このポリマーで加工してあれば，べったりと焦げつくような食べ物でもするりと取れる。

合成物質

天然ゴムは，ゴムの木から採れるラテックス液に含まれている有機化合物イソプレンのポリマーであり，18世紀からずっと広く利用されてきた。実際，1820年代にはチャールズ・マッキントッシュが自分の上着をゴムで防水加工し，その10年後にはチャールズ・グッドイヤーが硫黄を用いてポリマー同士を交差結合させてゴムを強くする加硫という技術を開発した。これにより，タイヤなどへの応用の道が開けた。

19世紀中頃になると，有機化学者らは精力的に人工ポリマーの研究を行うようになった。1835年に初めて作られたポリ塩化ビニル（PVC）は，もろくて興味をもてるような代物ではなかった。しかしそれから約100年後の1920年，新しい接着剤を研究していた米国の化学者らが，添加物を加えるとPVCがよりしなやかになることを発見した。同じ頃，エチレンの研究を行っていた英国の化学者らは，しょっちゅう起きる爆発に頭を悩ませていたが，あるとき，組み立て直した器具のすきまからたまたま混

電子顕微鏡で300倍に拡大したストッキングのナイロン繊維。

入した酸素が触媒としてはたらき，エチレンの重合が起きてポリエチレンができることを発見した。この物質は鞄やボトル，ボーリングの球など，今やもっとも広く使われているプラスチックとなっている。

人工の絹

今となっては想像しにくいかもしれないが，ナイロンはもともと，絹よりもはるかに高品質なものとして見られていた。今日では高級品とは見なされていないが，この人工繊維はまちがいなく衣服に革命を起こした。ナイロンは，1935年にウォレス・カロザーズ率いる米国の研究チームによって開発された。彼らはすでに，液体ポリエステルが上等な絹のような糸を形成することを発見していたが，これは非常にもろいという欠点があった。そこで彼らは，ポリアミド繊維であるナイロンの強度を試験するべく，液体から引き上げた糸を持って廊下を走ってみたという。糸が切れることはなく，ここに世界で初めてとなる人工繊維ナイロンが生まれた。

> **発泡スチロール**
>
> この軽量の物質は，ベンゼンに似た形の化合物スチレンのポリマー（ポリスチレン）である。ポリスチレンは硬いが壊れやすく，CDケースの原料などとして使われている。1959年，このポリスチレンに気泡を含ませて固めてみたところ，発泡スチロールが発明された。

88 初めての人工元素

メンデレーエフは，周期表に43番元素のための空欄を残していた。しかし，いくら努力しても，だれもそれを見つけることができなかった。結局それは，世界で初めての粒子加速器によって作られた。

43番元素については，多くのまちがった報告がなされてきた。1877年，ロシアのサージ・カーンは白金鉱石の中に発見したといい，それをデビウムと呼んだ。1908年には小川正孝が，43番元素を見つけたと思ってニッポニウムと名づけたものの，それは別の新しい元素レニウムだった。

テクネチウム-99はわずか数時間の半減期であることから，体内に短時間しか存在しない放射性物質として，内臓の画像診断に用いられている。写真は，技術者が病院で使用するテクネチウム-99mを放射性モリブデンから取り出しているところである。

この未発見の元素は，最終的に，科学技術によって作られた。1930年代，カリフォルニアのアーネスト・ローレンスは，世界で初めてとなる粒子加速器サイクロトロンを開発していた。そして1936年，イタリアのシチリア島で研究していた物理学者カルロ・ペリエとエミリオ・セグレは，試験に使いたいからといって，放射能を帯びたサイクロトロン内部の部品をもらいたいとローレンスに注文した。（今日では考えられないことだが，ローレンスはその部品を郵送した！）ペリエとセグレは，パラモ大学で43番元素の同位体2個をサンプルの中から発見した。この43番元素は機械によって作られた元素であることから，ギリシア語で「人工的な」を意味する *technikos* にちなんでテクネチウムと名づけられた。その後，ごく微量のテクネチウムが天然で発見されてはいるが，依然として精製されるよりも生産されているほうが多い。

89 化学の視点から見る生命：クエン酸回路

　17世紀に近代化学が誕生した頃にはすでに，生命体における化学的活動の役割は研究されていた。ただ，当時，生命活動に酸素や水，二酸化炭素が関与していることは特定されていても，その真の複雑さを予測していたのはほんの一握りの人たちだけだった。それは20世紀に入り，「生化学者」と呼ばれる人々によって明らかにされることとなる。

　17世紀初頭，ベルギーの医師で錬金術師のヤン・ファン・ヘルモントは，土を入れた鉢に植物を植えて重さを記録した。土の重さはある程度一定だったが，植物の重さは着実に増加した。ファン・ヘルモントは水しか加えなかったので，植物の生長に力を与えているのは水であると結論づけた。

燃料の生産

　のちの研究により，二酸化炭素の関与も示された。（ファン・ヘルモントはこの気体を初めて記録した一人で，これを「野生の気」と呼んだ。）ジョゼフ・プリーストリーは，動物は二酸化炭素（固定空気）の量を増やすが，植物は大気中の二酸化炭素を減らすことを発見した。1778年には，オーストリアの王室医師ヤン・インゲンホウスは，密閉容器にマウスを閉じ込めるとマウスは自ら吐き出した二酸化炭素によって息苦しくなるが，その容器に植物を入れると元気になることを示した。また，植物は明るい日光のもとでは早く元気になった。1796年，ジャン・スヌビエがこれらの報告を次のようにまとめている。緑の植物は，光の影響下で二酸化炭素を取り入れて酸素を放出する。やがて，この理論に水の関与が含まれるようになり，植物は水と二酸化炭素を反応させてグルコース（糖）を生成することが発見された。この反応は，光エネルギーによって進められることから「光合成」と名づけられた。

エネルギー回路

　すべての生命体はグルコースなどの燃料によって活動する力を得ている。植物のように光合成で得るものもあれば，動物のようにほかの生物を食べることによって摂取するものもある。こうして得られた燃料は，呼吸によって光合成とは逆に酸化されてエネルギーに変えられる。簡単にいうと，呼吸では，グルコースが二酸化炭素と水に分解されるのだが，このときグルコースが効率的に燃やされ，光合成によって蓄えられていたエネルギーが放出される。すべての生命体は呼吸を行い，二酸化炭素を生成している。しかし二酸化炭素は動物にとっては有毒な廃棄物なので，呼吸によって吐き出している。先駆的な気体化学者らが明らかにしたように，植物もまた暗いときは二酸化炭素を放出する。しかし，晴れると二酸化炭素を光合成で再利用し，今度は廃棄物として酸素を放出する。こうして空気はあらゆる生命体に不可欠な酸素を再び蓄えることになる。

　もちろん，グルコースは物理的に燃えるわけではない。その代わり，呼吸により，

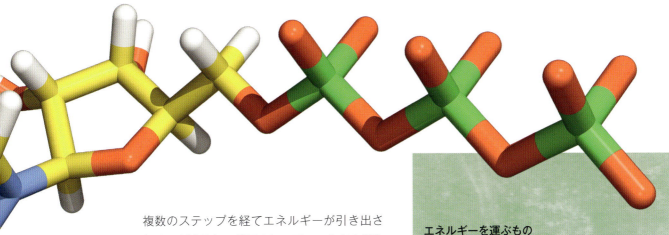

複数のステップを経てエネルギーが引き出される。1937年，英国のシェフィールド大学教授を務めていたドイツ系ユダヤ人移住者のハンス・クレブス率いるチームは，呼吸におけるグルコースの代謝経路をたどった。そして，炭素数6のグルコースを原料として別の炭素数6の物質（クエン酸）が作られるところから始まる12段階からなる回路を発見した。物質が順次別の物質に変換する各行程では，エネルギーと二酸化炭素分子が放出される。このクエン酸回路と呼ばれる行程の最終段階にできる炭素数4の物質（オキサロ酢酸）は，新たにクエン酸を生成するために使われ，回路は繰り返される。

クレブスは自らの発見をなかなか出版することができなかったが，やがて科学界のほうが，彼があらゆる生物における中心的なプロセスを明らかにしたことに気づく。クレブスは1953年にノーベル賞を受賞し，この回路はしばらくクレブス回路として知られるようになる。ヒ素やシアン化合物，殺鼠剤は，いずれもこのクエン酸回路を阻害することによってはたらく。生命は，この回路なしに生きることはできないのだ。

エネルギーを運ぶもの

アデノシン三リン酸（略してATP，上図）は細胞組織のためのエネルギー源である。その名前が示す通り，各ATPには三つのリン酸がついている。リン酸を一つ外すことによって，ATPはADP（アデノシン二リン酸）となり，同時にそのエネルギーの蓄えを別の代謝プロセスに与える。クエン酸回路では逆にグルコースからエネルギーをもらい，リン酸を加えてADPを再びATPに戻す。グルコース1分子だけで38分子のATPを生産できる。

ハンス・クレブスは，一連の経路の各段階で反応を阻害し，残っていた物質を特定することによってクエン酸回路に関わる化合物を発見していった。多くの研究にはすりつぶしたハトの筋肉が使われた。

クレブスの研究内容を載せた小冊子は，ノーベル賞を受賞した後の1957年に出版された。

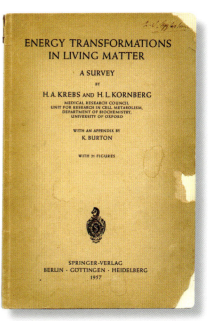

90 原子の分割

アルベルト・アインシュタインの有名な公式 $E=mc^2$ は，エネルギーと質量が置き換え可能であることを示している。c は光の速度を表す非常に大きな数である。この公式からわたしたちが理解できること。それは，たとえ小さな質量にも，膨大なエネルギーが含まれているということである。

ことの始まりは，中性子の発見にあった。イタリアの物理学者エンリコ・フェルミは原子物理学の探究をするうえで中性子が重要なカギになるだろうと考えた。これまで利用されてきた$α$粒子とは異なり，中性子には電荷がなく，そのため原子内部で電磁力のはたらきに左右されない。フェルミの研究チームは，あらゆる種類の原子を衝突させた。1934年には原子番号94（フェルミはこれを hesperium と呼んだ）の元素がウランから生成されたと発表した。しかし，フェルミを含め，なぜこれが可能なのかは誰にもわからなかった。

ベルリンの研究者オットー・ハーンも同様の実験をするようになった。そして1938年，ウランに中性子を衝突させたところ，ウランのサンプルの中にバリウムを発見した。同僚のリーゼ・マイトナーは，バリウムが生成されたのは，中性子がウランの原子核に加わって非常に不安定にさせたため，通常は放射線を出して崩壊するところ核が2個に分割したのだということを示した。これが核分裂である。

ウランの原子核が2個に分裂する

エネルギーと中性子が放出される

1942年12月2日15時22分，シカゴ大学のラケットコートの中で世界初の原子炉「シカゴパイル1号」が臨界に達した瞬間を描いた絵画。

核分裂反応を引き起こすのにもっとも適しているのは動きの遅い中性子だ。動きの遅い中性子は，ほかの中性子よりもエネルギーは少ないが核に当たりやすいからだ。

危険の警報

　核分裂が生じると，ほんのわずかだが質量が減少した。アインシュタインの公式が示していたように，核分裂反応はたしかにごくわずかな質量から膨大なエネルギーを生み出すことがわかった。そしてこのエネルギーは，何かに利用できる可能性を秘めた力であった。若いハンガリーの科学者レオ・シラードは考えた。もし核分裂するときに2個以上の中性子が放出されるのであれば，連鎖反応が起き，すべての核分裂性核種が使い果たされるまで，分裂するたびに少なくとも2個多くの中性子ができるということになる。制御されなければ，大爆発につながるだろう。

　シラードは，ナチスから逃れて当時ニューヨークにいたフェルミに，この開発については内密にしておくように説得した。しかし，パリのマリー・キュリーの義理の息子フレデリック・ジョリオ＝キュリーはそうはしなかった。1939年，彼は希少なウランの同位体ウラン-235の原子核1個は，分裂において少なくとも3個の中性子を生成すると報告した。世界が戦争へと傾いている折，核連鎖反応の制御方法を発見する競争が始まった。そして，その方法が発見されれば，致命的な武器の生産につながるだろうということが予測された。

核融合

　太陽などの星は核分裂ではなく核融合によって力を得ている。このプロセスでは，たとえば水素などの小さな原子核がいくつか圧迫されて，より重い原子核が形成される。核融合には膨大な力が必要である。太陽中心部の圧力は，じつに地球の大気圧の2,500億倍にも達する。

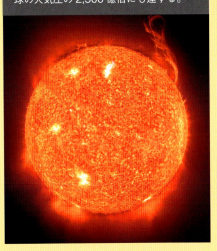

パイル1号

　1942年，エンリコ・フェルミは，「シカゴパイル1号」として知られる世界初の原子炉を街の大学内に建てた。その原子炉には，ウラン燃料に中性子を当てて連鎖反応を起こすための黒鉛ブロックが使われた。現代の専門用語でいえば，この原子炉は「濃縮」されておらず，核分裂性の同位体ウラン-235がわずか0.7パーセントしか含まれていなかった。

　核分裂は今や自然が生み，人類が制御する新しい力となった。マンハッタン計画はフェルミの大発見に続き，世界がかつて見たこともないもっとも致命的な武器に利用しようと，ウラン-235の単離に専念した。（同様の計画はナチスドイツによっても進められた。）広島と長崎への原爆投下から10年と経たないうちに，濃縮核燃料は民間発電所の熱源として使われるようになり，水中で4カ月滞在できるだけの電力を備えた最初の原子力潜水艦も作られた。

　次なるゴールは，核融合を利用してエネルギーを生産することである。世界の科学者らはフランスの国際熱核融合実験炉（ITER：イーター）のプロジェクトなどで共同研究を行っている。時間が経てばおのずと答えは出るだろう。

原子力発電

　原子力発電所の構造は，基本的には火力発電所と同じだ。蒸気でタービンを回転させ，これにつながっている発電機で電力を作る。蒸気は原子炉内の核燃料が核分裂するときの熱から作られる。核分裂は，中性子を吸収するホウ素を用いた棒によって制御される。これにより連鎖反応が速く進みすぎて爆発が起きるのを防ぐ。

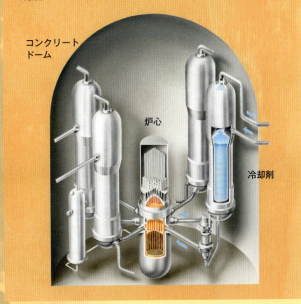

コンクリートドーム / 炉心 / 冷却剤

背景：1945年に日本に投下された原子爆弾は，わずか1グラムの核物質が同等のエネルギーに変換したものだった。結果，生じた爆発で7万人の人々が亡くなった。

91 超ウラン元素

原子力時代の初め，エンリコ・フェルミは周期表を拡張できることを示唆する研究を行った。ウランは天然に存在するもっとも重い元素であるが，この世で存在しうるもっとも重い原子であるとは限らない。より大きくて重く，比較的安定した原子は実験室内で作ることができるのだ。

1930年代初期，ローマではフェルミの研究チームがあらゆる種類の物質に中性子を衝突させて，核変換が生じるかどうかを調べていた。衝突を受けたウランのサンプルに原子番号94の元素がわずかに含まれていたと報告したとき，真剣にとらえた人はほとんどいなかった。（そして最終的に，この報告はまちがいだったことが明らかになる。）当時，原子番号92をもつウランが宇宙でもっとも大きな原子であると考えられていたからだ。もし，ウランより大きくて重い元素が存在するのなら，なぜ自然界でまったく発見されていないのか？

それでもウラン原子の原子番号を増やす方法は知られていた。α崩壊では単純に放射性原子核から陽子と中性子が2個ずつ放出されるだけだが，β崩壊はもう少し複雑で，1個の中性子が陽子1個と電子1個に分裂する。このとき電子であるβ粒子が放出されるが，陽子は原子核の中に留まるので原子番号が一つ増えるはずなのだ。そうして1940年，米国の核化学者エドウィン・マクミランは，ウ

1950年，重金属を単離するためのイオン交換カラムとともに撮影されたグレン・シーボーグ。プルトニウム，アメリシウム，キュリウム，バークリウム，カリホルニウム，アインスタイニウム，フェルミウム，メンデレビウム，ノーベリウムの9個の新しい元素を発見した。

屋内の放射能

完全に安全ではあるが，家の中でもっとも高い放射能をもつものといえば火災警報器だ。火災報知器には，全部で100万分の1グラムという微量のアメリシウム-241が取り付けられている。この同位体が最初に生産されたのは1944年，カリフォルニア大学バークレー校のグレン・シーボーグの研究チームによるものだった。半減期はおよそ420年。アメリシウムが崩壊に伴い放出する放射線は，警報器内の空気をイオン化して，わずかな電流が流れるようになっている。もし，煙の粒子が警報器内に入り込むと，電流の流れが妨げられて警報が鳴り出す仕組みだ。〔ただし，このタイプの火災報知器は，日本ではほとんど使われていない。〕

ランの主な同位体であるウラン-238に中性子を衝突させると，ウラン-239が形成されることを示した。ウラン-239は寿命の短い同位体で，β崩壊して93番元素になったのだ。この最初の「超ウラン元素」は8番目の惑星である海王星（ネプチューン）（ウランの語源となっている天王星（ウラヌス）の次の星）にちなんでネプツニウムと名づけられた。翌年，同僚の米国人グレン・シーボーグがサイクロトロン（テクネチウムの生成に使ったのと同様の粒子加速器）を使ってウランに重水素の核を衝突させた。重水素とは，水素の重い同位体で陽子1個，中性子1個をもつ。結果，94番元素ができ，当時9番目の惑星と考えられていた冥王星にちなんでプルトニウム（プルート）と名づけられた。シーボーグはマンハッタン計画でプルトニウムの大量生産の開発に着手した。1945年に行われた最初の核爆発（ニューメキシコでのトリニティ実験）と長崎に投下された原子爆弾は，ワシントン州のハンドフォード工場で主に作られたプルトニウムから作られたものだった。

星々を見る

ネプツニウムのもっとも安定な同位体の半減期は200万年で，プルトニウムの半減期はその10倍である。したがって，これら二つの元素は遠い昔の地球の岩の中に存在していた可能性はあるが，今となっては崩壊して存在しない。天文学者は原子物理学を星に応用して，核融合によっていかに水素がヘリウムになり，そして鉄に至るまでの一般的な元素に変換するのかを説明した。しかし同時に，物理学の理論によれば，このプロセスでは鉄より重い元素に変換することはできなかった。天文学者らは，より重い原子は，超新星による膨大な力によって作られると考えた。超新星とは，巨大な星が起こす非常にはげしい爆発であるが，このときに軽い原子同士が衝突して重い原子核を生成するという。

原子衝突

1944年，シーボーグやアルバート・ギオルソらは，サイクロトロンを使ってあらゆる種類の原子核や原子の粒子を衝突させて，かつて見たことのない物質を作りだそうとしていた。サイクロトロンは磁場と電場を利用して電荷を帯びた粒子をらせん状に導き，それらが中央の標的に非常に速い速度で当たるようにするものである。核反応を起こすことも可能だ。数十年にわたり，シーボーグは100個以上もの新しい同位体を作りだし，合計で九つの新元素を作った。シーボーグの共同研究者アルバート・ギオルソは，その後も研究を続けて合計12個の新元素を発見し，世界記録を作っている。2012年時点で特定されている超ウラン元素は26個となった。

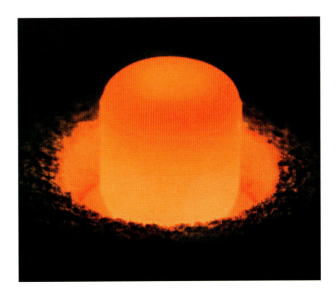

プルトニウム-238のペレット。自身の放射能によって高温となり光っている。

92 ミラーと ユーリーの実験

戦時中，物理学と化学に関する必死の研究を進めていた研究者たちの多くは，第二次世界大戦における大量殺りくが終わって平時になると，生命そのものを追究するようになった。

ハロルド・ユーリーはマンハッタン計画を進めた主要人物の一人であり，放射性物質を濃縮させるためのガス拡散法を開発した。彼はすでに1934年に重水（D_2O：原子量が1ではなく2の水素同位体（重水素，D）で作られた水）を発見したことでノーベル賞を受賞していた。終戦後は興味を宇宙に移し，その認められた知識をもって惑星大気の化学的組成の研究に取り組んだ。そして，惑星大気がどのように形成され，経時的にどう変化したのかを比較検証した。ユーリーは，地球の初期の大気には酸素分子がなく，水蒸気やメタン，アンモニア，二酸化炭素，水素が豊富だったと唱えた。スタンリー・ミラーはユーリーが指導する大学院生の一人であったが，彼はこれらの化学物質はいわゆる生命の構成要素と呼ばれるタンパク質，脂質，炭水化物の原料であると唱えた。

スープ作り

1953年，二人はこの仮説を地球の原始状態を再現して試験することにした。ガラス製のフラスコやビーカーをつなぎ合わせた複雑な実験装置に各種の気体と液体を入れて密閉し，混合物を常に沸騰させたり，凝縮させたり，周囲の物質と反応するためのエネルギーを与えたりした。

彼らはこの装置を稼働させたままにした。1日経た

隣人が訪ねてきたのだろうか？

パンスペルミア説

スヴァンテ・アレニウスやフレッド・ホイルなど，偉大なる科学者のなかには，生命体は小惑星の岩や彗（すい）星（せい）の中に入って地球にやってきたと述べる者たちがいた。これには諸説あるが，地球に根づいた生命体は，完全な細胞の形をしているものから複雑な生化学的物質に至るまであり，宇宙全体に広がり続けているとされている。

生命の発祥地？

熱水噴出孔から噴出される熱水は，珍しい微生物にとっての隠れ家となっている。現代の生物の多くは，一瞬にしてその熱にやられてしまうだろうから生息不可能である。しかし，このような生育環境は，おそらく初期の地球ではもっとも安定した場所だったのだろう。なにしろその頃の地球はしばしば起こる彗星の衝突やはげしい火山活動で揺れていたのだ。安定性というのは生命が進化するのに必要なものである。生化学者は，海底にある温かくて化学物質の豊富な岩の裂け目は，生命が発祥した場所としてもっとも可能性が高いと考えている。

ないうちに、透明だった混合物はピンク色になり、1週間経過すると炭素原子の10％以上がアミノ酸のような有機化合物に変化した。アミノ酸はタンパク質の鎖を構成する個々のパーツ（モノマー）で、生物体にはおよそ20種類のアミノ酸が使われている。ミラーは、この実験により、11種類のアミノ酸が生成したと発表した。実際、この装置を現代的に分析すると、装置の中で起きた数々のはげしい反応により20種類のアミノ酸が形成されていたことが明らかになっている。

　火山の噴火で発生するような一酸化窒素と硫黄化合物を含めて同様の実験を行うと、今度は、生物学的により大きくて生物活性の高い化学物質が回収された。化学的プロセスはまだ解明されていないが、ミラーとユーリーは、生命体が非常に単純な化合物から生まれうるということを示した。

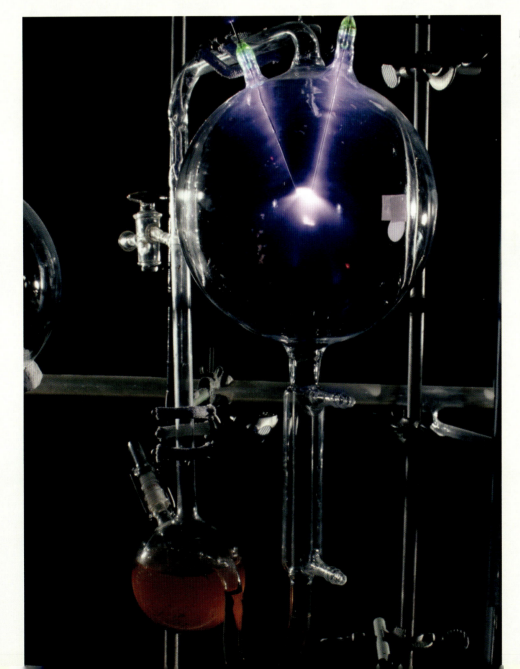

ミラーとユーリーの実験は、この写真にある1983年の改良版装置を含め、何度も繰り返されている。

93 DNAコード

もっとも複雑でありながら，生化学の取り組みによって明らかにされたパズルのピースに DNA の構造解明がある。これによりまったく新しい化学が到来したのである。

1953 年，DNA の二重らせんモデルを披露するジェームズ・ワトソンとフランシス・クリック。

1869 年，チャールズ・ダーウィンは進化論を唱え，世代から世代へと形質を受け継ぐ未知の遺伝物質の存在について述べた。同じ年，細胞の核 (nuclei) の中にだけ存在する物質が発見された。間もなく，ヌクレイン (nuclein) と呼ばれるようになったこの物質は，リボースという糖とリン酸塩，そして 5 種類の芳香族の

「塩基」化合物を含んでいることが明らかにされた。これらは，デオキシリボ核酸（DNA）と呼ばれる長い鎖状の分子を形成する。1928年，DNAはまさにダーウィンが予言した遺伝物質であることが明確になってきた。しかし，その比較的シンプルな構成要素で，一体どのように情報を伝達するかはわかっていなかった。

二重らせん

いくつかの研究チームがこの問題に取り組んでいた。偉大なるライナス・ポーリングも，その構造を探求していた。もっとも信頼性の高いアプローチは，X線結晶学を利用してDNAの幾何学を計算することだった。しかし，そのように大きくて複雑な分子構造を特定するのはあまりにも骨の折れる仕事だった。

ケンブリッジ大学では，やはり戦後生物学者に転身した英国人物理学者のフランシス・クリックが米国人のジェイムズ・ワトソンとチームを組んで，可能な限りの証拠を集めてDNAの構造をモデル化しようとしていた。1952年，彼らはロンドンのキングスカレッジにいるモーリス・ウィルキンズから，あるX線画像（フォト51）を受け取った。そこには，DNAが2本のらせん状に配列された構造（二重らせん）が示されていた。

翌年，クリックとワトソンは，化学物質がどのように情報を伝達するのかを示す機能的なDNA構造を発表した。はしごの形をしたらせんの両側は，リボースがリン酸塩に結合したものから作られている。塩基は組になって「はしごの横木」を形成するが，使われているのは既知の塩基五つのうち四つだけで，チミンはアデニン，シトシンはグアニンというように，常に特定の相手と結合する。五つ目の塩基はウラシルであるが，これはRNA（リボ核酸：主に1本鎖で存在する化学物質で，DNAの遺伝情報を写し取ったり運んだりするなど，生体内でさまざまな役割を担う）でチミンの代わりに使われる。クリックとワトソンの分子モデルは，四つの塩基を記号にしたものを使って表現してあり，一般的にはCGTAの頭文字で表される。遺伝子は特有の塩基配列をもつDNAのひもである。このDNAの塩基配列からどのように瞳の色や遺伝性疾患といった特徴が生じるのかという疑問から，現代の遺伝学が生まれた。

> **ミッシングリンク**
>
> フォト51は，ロンドンにあるキングスカレッジの研究者ロザリンド・フランクリンによって撮影されたものだったが，彼女の個人指導教官モールス・ウィルキンズによって彼女に知らされることなく持ち出され，クリックとワトソンの手に渡された。フランクリンの研究は二重らせんの発見として雑誌で発表されたものの，彼女がその共同発見者として称賛されることはほとんどなかった。クリック，ワトソン，ウィルキンズは1962年にノーベル賞を受賞したが，フランクリンはその4年前に癌で命を落としている。

94 酵素を理解する

酵素は、生体内の化学反応において特定の役割を専門的に果たす分子であり、いわば細胞内の工具のようなものだ。現在知られている酵素は約4,000種類あり、それぞれDNA中の遺伝子によってコードされた構造をもつタンパク質から作られている。

眠りと覚醒をコントロールするセロトニンをメラトニンに変換するタンパク質分子。

生命は、非生命体である酵素による化学的なはたらきによって維持されている。酵素（enzyme）という用語は、もともと醸造や製パンに使われる酵母の作用に関連して作られたもので、酵母という意味のギリシア語に由来する。それがやがて、物質を分解（異化）したり合成（同化）したりするなど、何かしらの生物学的作用をもつ物質として定義し直されるようになった。

1897年、エドゥアルト・ブフナーは酵素が細胞や生体の外でも同じようにはたらくことを示した。間もなく、酵素はすべて特定の構造と形をもち、代謝機能に欠かせないタンパク質であることが明らかにされた。もし、熱や化学物質の作用によって形が変わってしまうと、酵素はその機能を失う。

アミノ酸の鎖

タンパク質はアミノ酸から作られる重合体（ポリマー）であり、一般的な酵素には数千とまではいかなくても数百ほどのアミノ酸が含まれている。天然ではおよそ20種のアミノ酸が使われており、DNAの遺伝子コードは酵素などのタンパク質を作るために必要なアミノ酸のリストといえる。作られた酵素などは、体内で必要とされるさまざまなはたらきをする。酵素などのタンパク質は、アミノ酸が一列に並んだ鎖のようなもので、その配列順は一次構造と呼ばれる。1965年、X線結晶学者たちは初めて酵素（消化に使われるリソゾーム）の構造を特定した。タンパク質の一次構造は長いアミノ酸鎖の各部分で折り畳まったり、らせん状になるといった立体的な二次構造を形成する。この二次構造はやがて三次構造（タンパク質全体の立体構造）や四次構造（複数のタンパク質が集合した構造）にまで至る。DNAの突然変異によって、コードしているアミノ酸が一つ変わっただけでも、酵素の三次構造や四次構造が変化してしまい、その機能に大きな影響が出る可能性もある。

鍵と鍵穴の仮説

酵素には何でもこなせるマルチ機能はない。一つの酵素はたった一種類の物質（基質）を処理することしかできないのだ。さかのぼること1894年から、ちょうど鍵と鍵穴のように、酵素の形はその基質に特異的であると理解されていた。この「鍵穴」の部分は酵素の活性部位と呼ばれている。一つまたは複数の基質がこの鍵穴に結合することによって化学的に異なる生成物になる。多くの毒素は活性部位に結合し、重要な酵素の作用を妨げることによって影響を及ぼす。

基質が酵素の活性部位に入る ／ 酵素と基質の複合体 ／ 酵素と生成物の複合体 ／ 生成物が酵素の活性部位から離れる

95 バックミンスターフラーレン

1980年代までは，純粋な炭素の形状（同素体）といえば，ダイヤモンド，黒鉛，すすの3種類だけだった。そこに，炭素原子がさまざまなサイズの完全球体を形成する，きわめて優美で複雑な新しい形が発見された。これらは「フラーレン」とか「バッキーボール」と呼ばれるようになり，テクノロジーを一変させる可能性を秘めている。

炭素原子は最大4個の原子と結合することができる。ダイヤモンドは正四面体（底面が正三角形のピラミッド形）の形をした五つの炭素原子を一つの単位としたものが複数集まって形成されている。このピラミッドの4個の頂点にある炭素原子は中央にある5個目の炭素原子と結合している。このような正四面体を配列することで非常に強い結晶格子を形成する。ダイヤモンドが地球上でもっとも硬い物質であるのはこのためである。これに比べて，黒鉛は非常に軟らかくて滑りやすい。黒鉛の炭素原子は六角形の層の形に配列している。各原子は3個の炭素原子と強く結合しているが，層と層とを結合する力が弱い。つまり，層と層は容易に動くのだ。このため黒鉛は潤滑剤や鉛筆の芯などに利用される。鉛筆で字が書けるのは，芯を紙にこすりつけると，炭素の層がはがれて紙面上に残されるからだ。

球状の炭素

フラーレンは六角形の黒鉛層が球状に丸まったものである。20個から100個の炭素原子で形作ることができるが，もっとも一般的なのは炭素数が60のものである。C_{60} は初めて特定されたフラーレンで，正式にはバックミンスターフラーレンと呼ばれる。フラーレンとバッキーボールは，ともに同様の分子に対する一般的な用語として発生した。

C_{60} の存在は1970年に予測され，その証拠は宇宙空間の塵のスペクトル解析によって発見されていた。しかし，実際に合成されたのは1985年になってから，黒鉛をヘリウム大気中で蒸発させたときだった。ヘリウムは炭素が燃焼するのを妨げる代わりに，C_{60} などの球体に折り畳んだ。米国の化学者リチャード・エレット・スモーリーとロバート・フロイド・カールは，英国の化学者ハロルド・クロトーとともに，この研究の功績で1996年にノーベル賞を共同受賞している。

最初，フラーレンは自然界にわずかしか存在しない珍しい物質であり，主にすすや雷によって形成されるものと考えられていた。しかし，のちの発展によって炭素および炭素からなるフラーレンは革命的な技術の中心となるのだった。

20個の六角形と12個の五角形から構成されるフラーレン。

名前の由来

バックミンスターフラーレンはリチャード・バックミンスター・フラーの名前に由来する。米国の建築家で，軽量でありながら広い領域を囲うのに十分な強度をもつジオデシック・ドームの発明家としてもっともよく知られている。バックミンスター・フラーは，このドームを1950年代に設計したが，後から炭素原子がそっくりな形状を形成することを化学者らが発見した。

1967年にモントリオールで開催された万国博覧会（エクスポ'67）で，バックミンスター・フラーが設計した「バイオスフィア」。

96 原子を見る

1980年代半ばには、原子を観察する走査トンネル顕微鏡が開発された。この新しい装置のおかげで、化学者らは対象物をこれまで想像もできなかったほど詳細に観察できるようになった。

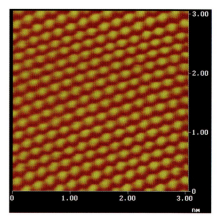

走査トンネル顕微鏡（STM）は、直径0.1ナノメートルよりも小さいものを観察することができる。もっとも小さな原子である水素までもが観察できるのである。この顕微鏡には、タングステンなどの金属でできた、先端がわずか原子1個分のサイズしかない針がある。この針に電圧をかけて、試料に接近させると、量子トンネル効果という現象が起こる。すると、針先と直下にある試料との隙間を電子が移動するので、その電子の信号（トンネル電流）を測定することにより、針先と試料表面の距離を原子レベルで正確に求めることができる。

黒鉛表面の炭素原子の像。黒鉛は六角形に原子が並んでいるが、像ではそのうちの半分の原子が0.24ナノメートル間隔に並んで見えている。

97 高温超伝導体

超伝導体とは、なんの抵抗もなく電流を流す物質のことである。最初の超伝導体は非常に低い温度に冷やす必要があったが、それも1986年に大きく変わった。

リニアモーターカーは、超伝導性を示す電磁石を利用して車体を線路から浮かせ、摩擦の影響を受けることなく記録破りの速さで滑ることができる。

1911年、オランダの物理学者ヘイケ・カメルリング・オネスは、水銀を−269℃まで冷やすと超伝導体としてふるまうことを発見した。この可能性はすぐに明らかになったが、そのために必要な温度は日常の限度を超えていた。なにしろそれは、太陽光の届かない深海よりも冷たいのだ。

1986年、カール・ミュラーとヨハネス・ベドノルツはわずか−163℃でも超伝導性を示すセラミックスを開発した。この温度はそれほど高いように思えないかもしれないが、超伝導体の世界では比較的維持しやすい液体窒素の沸点（−196℃）を超えればどれも「高温」である。高温超伝導体は今やMRIや質量分析計、粒子加速器などの電磁石などで一般的に使われており、効率的に強力な磁場を作ることができる。

98 ナノチューブ

1900年代から，フラーレンは小さな管に形を変えた。科学者は望み通りの長さと幅に管を伸長させる方法を学び，ナノサイズの機械から高速超伝導通信ケーブルなど，より多くの可能性が生まれた。ナノチューブが未来を変えるのだ。

飯島澄男の発明は，かつて組み立てられたなかでもっとも細いチューブだった。月にまで伸びるのに十分な長さのナノチューブでも，丸めればポピーの種よりも小さい。

カーボンナノチューブは日本の工業化学者である飯島澄男によって初めて作られた。ナノチューブは，フラーレンに六角形の環がさらに加えられてソーセージの形になったものと想像するとよい。近年の生産工程では，グラフェンを丸めて作られる。グラフェンとは，わずか原子1個分の厚みしかない黒鉛層（これもまた六角形）を表す新しい用語である。このチューブを終わらせるためには，金属触媒を使って五角形の面で閉じればよい。しかし，理論上は無限の長さが期待できる。いっぽう，ナノチューブの幅はオングストロームで測定される。1オングストロームは1メートルの100億分の1である。

ナノテクノロジー

ベンゼンのように，すべての炭素原子の4番目の結合は共有されており，電子の雲を形成することでフラーレンとナノチューブに安定性を与えている。しかし，ベンゼンとは異なり，ナノチューブは銅線の1,000倍もよく電気を通す。これは，いつの日か，ナノチューブがすべての金属ワイヤー，それに光ファイバ通信ケーブルまでも取って代わる可能性があることを意味する。さらに，ナノチューブは半導体としてふるまうように作ることも可能なので，さらに小さな集積回路やコンピュータテクノロジーなど，まったく新しいデザインをもたらすだろう。

ナノチューブは小さくても非常に丈夫で，鋼よりも数千倍強い。おそらく，ナノチューブの束は，より長い橋や超軽量自動車の組立てに使われるだろう。あるいは今よりも数千倍小さい機械を作るために使われるかもしれない。

チューブの中のチューブは，電流に対しゼロ抵抗の超伝導体として使うことができた。

99 安定の島

ウランよりも原子番号の大きい元素を超ウラン元素というが，これらの元素はあまりにも不安定で使い道が少ない。しかし，周期表には，安定して存在できる元素が分布する「島」があると予測されている。

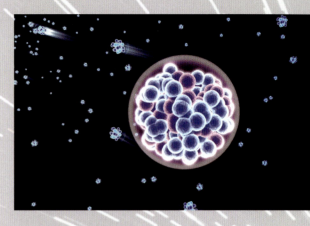

117番元素ウンウンセプチウムはもっとも最近（2010年）発見された元素である。安定の島は120番元素から始まる。

近年合成されたもっとも大きい原子は原子番号118で，暫定的にウンウンオクチウムと呼ばれている。半減期は0.89ミリ秒と非常に短く，長時間存在することができない。しかし，グレン・シーボーグは，原子核内の粒子の数が多い原子はより完全な殻をもち，より安定であると提唱した。半減期は，数百万年とまではいかないが，少なくとも数日はある。もっとも安定な元素は126番であると予測されていて，これは独自に完成した陽子と中性子一式をもつ。安定の島は137番元素で終わると考えられている。

100 ヒッグス粒子

ヒッグス粒子は存在するのか？　これは科学における大きな疑問の一つであったが，2011年，化学者はこれに対する解答が得られるかもしれないという望みをもった。科学に疎い人はたいして関心を示さないかもしれないが，これはたしかに人々の心をとらえた。なにしろ，この疑問に答えるために世界中の科学者たちが歴史上もっとも大きい機械を作ったのだから。

J. J. トムソンが1897年に電子を発見したとき，現在「標準模型」として知られる分野に人類は初めて足を踏み入れた。標準模型とは，少なくともわたしたちが今目で見ている物質を説明できるとされる素粒子と，物質に作用する四つの基本的な力のうち三つを統合した理論である。その三つの力とは，原子核を一つにまとめる「強い相互作用」，放射性崩壊の過程で粒子を殻から押し出す「弱い相互作用」，そして原子核の周囲に電子を引きつけたり化学結合に関与したりしている「電磁気力」である。わたしたちがこのほかの基本的な力を発見できないと仮定すれば，重力は唯一，標準模型に組み込まれていない力ということになる。

力とは，ある質量から別の質量へエネルギーを移動させることであり，これは質量間でエネルギーを運ぶ粒子によって達成される。力をとりつぐ粒子はボソン（ボース粒子）と呼ばれる。よって，光子は電磁気のボソンである。弱い相互作用はWボソンとZボ

ソンによってとりつがれ，原子核に作用する強い相互作用はグルーオンによって運ばれる。

質量はどうやってできたのか？

　ボソンは質量と質量のあいだを移動する。対象となる物質は，力によって影響を受けるものなら，銀河ほど大きなものでも電子ほど小さいものでもよい。銀河にはたくさんの星や惑星があり，それらは電子を含む原子から作られている。1970年代，陽子と中性子は実際にはクォークと呼ばれる，さらに小さな3個組みの素粒子から作られていることが発見された。そして，これらの素粒子をグルーオンが一つにまとめている。標準模型が達成したもっともすばらしいことの一つには，電子とクォーク（およびほかの素粒子）が質量をもつ仕組みを説明したことがある。2012年，これがヒッグス場であることが認められたのだ。その名称は，英国の物理学者ピーター・ヒッグスにちなんでつけられた。1960年代，ヒッグスは，ヒッグス場のボソン粒子（ヒッグス粒子）こそ，素粒子に質量を与えているものであるとする理論を唱えていた。

　この理論によれば，ヒッグス場はビッグバンと同時に形成されたのではなく，その後間もなく形成されたという。この理論はスイスの欧州原子核研究機構（CERN）にある大型ハドロン衝突型加速器（LHC）を用いて世界中の科学者によってテストされた。LHCはこれまで建設されたなかでもっとも強力な粒子加速器で，陽子をほぼ光の速度で衝突させ，ビッグバン直後に存在した強力なエネルギーを再現する。CERNの科学者たちは，2012年までにヒッグス場形成の証拠を発見し，真の宇宙のはたらきを，もっとも間近で垣間見た。

ビッグバン

　宇宙は膨張している。ということは，過去の宇宙はもっと小さかったはずである。およそ140億年前。ビッグバンが起きて宇宙空間が作られる前，宇宙はまったく空間を占めていなかった。ビッグバンはあらゆる場所で同時に起きた出来事であった。それはちょうど，何もかもがグレープフルーツ1個の中に収まるようなものだった。ビッグバン理論は，その概念を好まなかった英国の宇宙飛行士フレッド・ホイルが皮肉った冗談から名づけられた。〔ビッグバンには「大爆発」のほかにも「大ボラ」の意味がある。〕いずれにせよ，彼が口にした用語が定着した。

エネルギーは質量になったが，ヒッグス粒子は関与していたか？

— ビッグバン
— およそ4億年前に最初の星が現れる
— 銀河が形成される
— 太陽系が形成される
— 現在

大型ハドロン衝突型加速器は27キロメートルのトンネルに，さまざまな検出器がついている。粒子線をコントロールする8,000個の超伝導磁石を補修するときは，移動するだけでも一苦労だ。

化学の基礎

では,これらすべての発見をまとめたら,いったい何がいえるのだろう? もし,一連の研究をすべてまとめて別の角度から見たとしたら,元素はまさに化学の基本をなしていることがわかるだろう。

元素とは?

広大な宇宙も,わたしたちの身のまわりのあらゆる物質も,小さな構成要素が組み合わさって作られている。地球の水や岩,空気,灼熱の星もそうだ。これらの構成要素が,すなわち化学元素である。地球上では92個の元素が発見されているが,ほとんどはごくわずかしか存在しない。一般的な元素といえば酸素,炭素,ケイ素,鉄などがあるだろう。元素はこれ以上単純な物質に分けることができないという点で,ほかの物質と区別することができる。

元素には,自然界で純粋な状態で見つけられるものがわずかにある。金(左下)はそういった天然物質の一つだ。多くの元素は化学的にほかの元素と結合しているので,たとえば純粋な鉄(下)を得るには精製しなければならない。

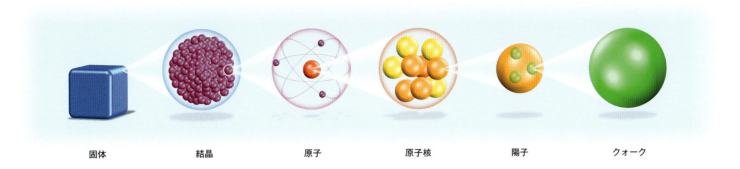

固体　　結晶　　原子　　原子核　　陽子　　クォーク

原子とは？

元素のもっとも小さな単位は原子である。程度の差こそあれ，たった1ミリメートルの長さにも約330万個の原子が並ぶ。純粋な元素のサンプルは，特定の大きさと質量と構造をもつただ1種類の原子からなる。それぞれの元素に特有の性質があるのも，それぞれの原子に特徴があるからなのだ。酸素が気体で，金が黄色に輝く金属であるのもこのためである。

一つの元素は原子のレベル以上にシンプルにはなれないが，原子そのものは，電子，陽子，中性子といったより小さな粒子から構成されている。原子を構成する粒子は，元素に特異的というわけではない。そのため，たとえば水素の電子は塩素の電子と交換可能である。どの元素に属するのかは，原子の中にある粒子の量によって決まるのだ。

原子構造

すべての元素には特定の原子番号がある。原子番号は，原子核の中に含まれる陽子の数に等しい。水素には1個の陽子があり，ヘリウムには2個の陽子がある，というようにして，最終的には天然に存在する元素のなかでもっとも大きい原子番号92番のウランまで続く。陽子は正電荷をもつが，負電荷をもつ電子が同じ数だけあるため正電荷が打ち消され，原子全体としては電荷をもたない。陽子は原子核の中に存在するが，電子は原子核のまわりの層（電子殻）にある。それぞれの電子殻には決まった数の電子が入るスペースがあり，電子殻がすべて電子で満たされると，一番外側に新しい殻が作られる。〔ただし遷移元素など，内側の電子殻が満たされる前に，さらに外側の殻へ電子が入っている原子もある。〕結果，外側の殻がほとんど電子で埋まっている原子もあれば，ほとんど空の原子もある。この電子配置によって，結合のしかたが決定づけられる。

物質は，注目する大きさや尺度（＝基準系）に分けて記述することができる。もっとも大きな尺度であるマクロスケールでは，たとえば固体の物質であれば色や形といった特徴をもつ。次にくるのは分子構造で，これは原子がどのようにつながっているかを表す。分子を形作っているのは原子であり，原子の中には，その質量の大部分を占める原子核が存在する。その原子核は核子（陽子または中性子）と呼ばれる粒子から構成されており，それらはさらに3個のクォークからできている。

周期表にある最初の10個の元素の電子構造を見てみると，原子番号が増えるに従い，原子に加えられる電子の数が増えていくのがわかる。この電子配置は，周期表での元素配列を反映している。横の列（または周期）が同じなら，原子がもっている電子殻の数も同じである。

H
水素

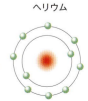
He
ヘリウム

Li リチウム　Be ベリリウム　B ホウ素　C 炭素　N 窒素　O 酸素　F フッ素　Ne ネオン

化学結合

イオン結合

　イオン結合は，二つのイオン間にはたらく引力により作られる。イオンは，原子が電子を失うか得るかして電荷のバランスが崩れると形成される。たとえば金属など，もっとも外側の電子（＝最外殻の電子）がわずかしか存在しない原子は電子を失いやすく，陽イオンを形成しやすい。いっぽう，非金属の原子は最外殻にある残りわずかな穴を埋めるために電子を得て，陰イオンを形成しやすい。反対の電荷をもつイオンは引き寄せ合い，同じ電荷をもつイオンは退け合う。

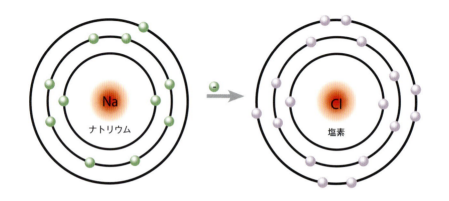

ナトリウム原子は最外殻にある1個の電子を失うと，正電荷をもつイオンになる。塩素はこの電子を受け入れて最外殻を満たし，負電荷をもつ塩化物イオンになる。この二つのイオンが結合して塩化ナトリウム（食塩）を形成する。

共有結合

　原子はイオン化すると，より安定な（＝低い）エネルギー状態を達成するためにイオン結合をする。つまり，電子を失う原子と電子を受け取る原子同士がイオン結合する。しかし，原子はほかにも，電子を交換する代わりに電子を共有する方法で安定した結合を形成することもできる。これは共有結合と呼ばれ，複数の原子が集まって外側の電子殻が重なる。つまり，ある原子がもつ電子1個と別の原子がもつ電子1個がペアを組み，二つの電子が両方の原子の最外殻を同時に占有する。負電荷の電子は原子核の正電荷によってしかるべき領域にとどめられ，二つの原子核とペアになった二つの電子間にはたらく引力によって原子が一つにまとめられる。共有結合している複数の原子（＝分子）は全体として電子を失ったり得たりして電荷を帯びた大きな多原子イオンを形成することもある。

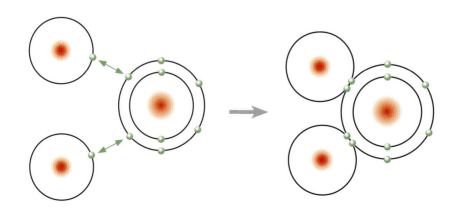

共有結合は，しばしば二つの非金属原子間で起きる。ここでは二つの水素原子が酸素原子に結合して水分子を形成している。

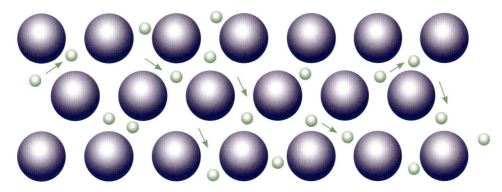

純粋な金属であれ複数の金属からなる合金であれ，金属物質は自由電子で満たされている。これらの電子を電磁気の力によって同じ方向に移動させることで電流は流れる。

金属結合

　金属元素とはどのようなものだろうか？　金属はたいてい光沢のある密度の大きい固体で，叩いたり型に流したりして成形することができるが，これらの特徴は金属の電子構造によるものである。ほとんどの金属元素の原子は最外殻に1個か2個の電子しかもっておらず，3個や4個の電子をもっているのはほんの一握りだけである。このような最外殻の電子は失われやすい。金属元素が，電子を失うよりも得やすい元素である非金属元素とイオン結合するはこのためである。また，金属元素の原子同士が結合するときも最外殻の電子を放出する。すると原子を取り囲む自由電子の「海」ができ，各原子の最外殻どうしをつなぎとめる「のり」として互いを結びつける。金属を曲げても壊れないのは，この強力な金属結合のためである。

反応，化合物，分子

　身のまわりをざっと見渡してみよう。すると純粋な元素はむしろ少ないことがわかるだろう。原子はそれ自体で存在し続けるよりも塊になることを好むようだ。空気中にある酸素や窒素といった基本的な気体でさえ，単一原子では存在しない。酸素であれば，原子2個が共有結合して酸素分子（O_2）と呼ばれる構造を形成している。

　原子が元素の最小単位であるように，分子は物質の最小単位である。分子とは，複数の原子が特定の割合，特定の形で結合したもので，それらが集まったものが物質である。物質はそのパーツとなる元素の性質と似ている必要はなく，実際，似ていることは滅多にない。たとえば水は水素と酸素という2種類の気体の化合物であるし，食塩は爆発性の金属と刺激臭のある緑色の気体の化合物である。

　化合物は化学反応によって形成される。簡単にいえば，反応には付加，脱離，置換の3種類がある。付加では，たとえば炭素と酸素が二酸化炭素を形成するなど二つのものが組み合わさって単一の生成物を形成する。脱離では，たとえば炭酸が水と二酸化炭素に分離する（ソーダの泡）など，一つの反応によって二つの生成物ができる。置換は，化合物中の原子（団）が，ほかの原子（団）に置き換わることである。

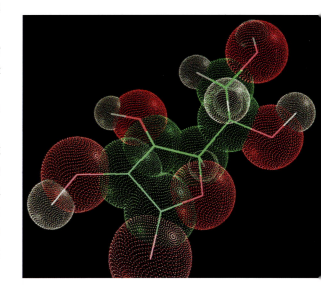

ビタミンC（またはアスコルビン酸）は炭素（緑），酸素（赤），水素（白）の原子が複雑に配列した分子構造をもっている。

族の特徴

元素の化学的特性（特にほかの元素と化合物を形成する際の構成比率）により，元素を族に分けることができる。これは元素を周期表に整理する一つの方法でもある。今では，同じ族の元素が似たような化学的特性をもつのは，それらの電子構造が似ているからであることが知られている。たとえば，1族は最外殻に1個の電子をもち，2族は2個の電子をもつ，という具合だ。

ただし，同じ族に属する元素がすべて同じ特性をもつというわけではない。例外はいつでもある。たとえば，水銀は液体の金属であるが，常温，常圧で液体の元素はたった二つしかない。それでも，元素が周期表のどの族に属しているのかを見れば，その元素の反応しやすさを予想することが可能だ。金属は左側，非金属は右側にある。どちらの側の元素も安定性を得るためには反対側の元素を必要とする。そのため，両者は互いに反応しやすいのだ。

水銀は乾いた液体である。水銀の原子はまとまる力が強いので，水のように表面には広がらず塊の状態を保つ。

炎色試験は，金属が特定の色の炎を出して燃えるという特性を生かしたものである。金属イオンを含んでいると思われる化合物を分析するときに用いると便利な手法だ。

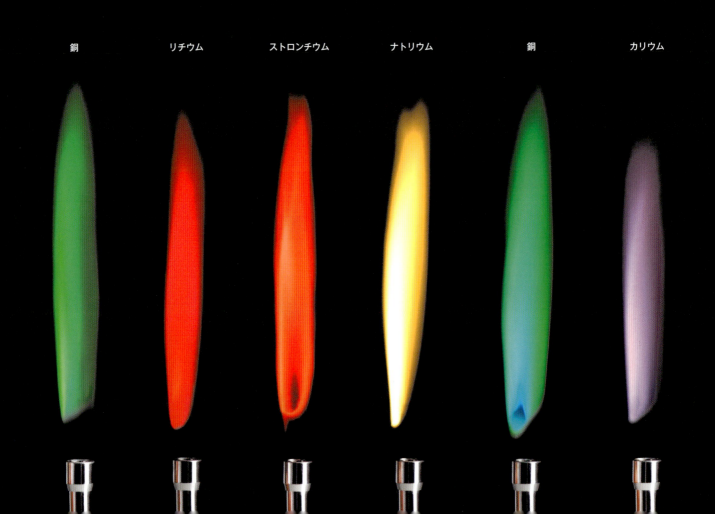

銅　リチウム　ストロンチウム　ナトリウム　銅　カリウム

金属原子は電子を放出しやすい。大きな原子をもち，最外殻は原子核からうんと遠くにあるため，引力が弱く，電子をとどめておく力が弱いからだ。その結果，金属原子はイオンを形成し，非常に反応しやすくなる。つまり，金属のなかでも重い元素は，軽い元素よりも反応性が高いのだ。そして反対のことが，余分な電子を取り込むことによって反応する非金属にもいえる。小さい非金属の原子は，より大きくて重い非金属の原子より，余分な電子を引きつける力が強いので反応性が高い。そのためたとえば，フッ素とセシウムのように，反応するときに大爆発を起こすこともあるのだ！

物質の状態

　純粋な元素でも化合物でも，すべての物質には固体，液体，気体という三つの基本的な形態がある。氷などの固体は形が固定されている。水などの液体は容器の形をとり，容器から容器へと移しかえることができる。水蒸気のような気体もやはり容器の形をとるが，容積全体を満たすように拡散する。

　あらゆる物質は，熱を加えたり奪ったりすることにより，あるいは圧力を加えることにより，ある状態から別の状態へと変わることができる（たとえば，気体を圧縮すると液体になる，というように）。物質中の原子や分子は，たとえそれらが固体の中にあっても，常に動いている。熱は原子や分子の動きを表す尺度である。固体が加熱されると，分子はよりはげしく振動するようになり，その動く勢いが分子を結びつけている結合力を上回ると，結合が壊れ始める。固体の結合のおよそ10％が破壊されると，固体は液体になる。分子はまだほとんど結合しているが，お互いを通り抜けることができるため，物質は流れ始める。液体がさらに加熱されると，分子はさらに速く振動し始める。やがて，あまりにも振動がはげしくなると，分子間のすべての結合が壊れ，液体は気体に変わる。気体となった分子は，あらゆる方向に自由に動く。ほかの気体分子にぶつかったり，容器の固体表面にぶつかって跳ね返ったりするが，間もなく均等に広がる。これとは反対に，分子からエネルギーを取り除くと，分子の運動は減り，逆のプロセスが起きる。

氷

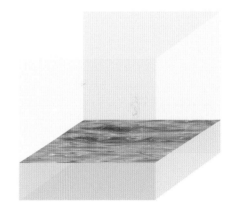

水

水蒸気

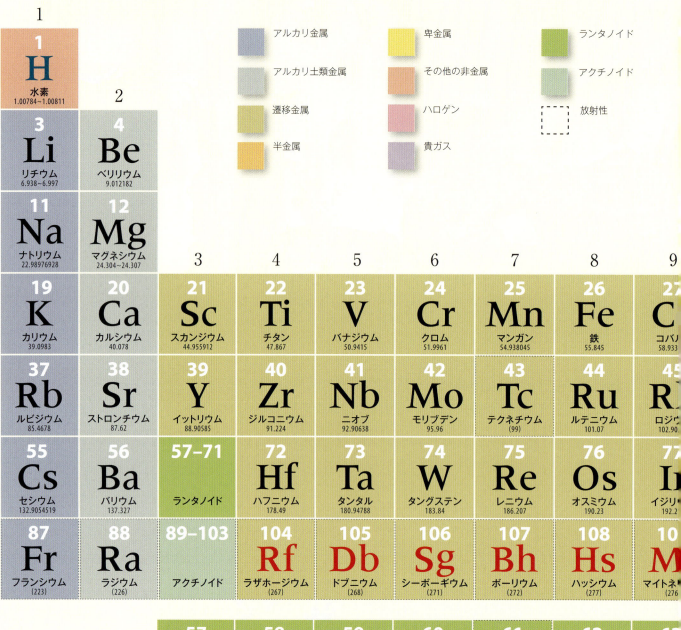

元素周期表

Au	固体
He	気体
Br	液体
Mt	人工元素

13	14	15	16	17	18
					2 **He** ヘリウム 4.002602
5 **B** ホウ素 10.806〜10.821	6 **C** 炭素 12.0096〜12.0116	7 **N** 窒素 14.00643〜14.00728	8 **O** 酸素 15.99903〜15.99977	9 **F** フッ素 18.9984032	10 **Ne** ネオン 20.1797
13 **Al** アルミニウム 26.9815386	14 **Si** ケイ素 28.084〜28.086	15 **P** リン 30.973762	16 **S** 硫黄 32.059〜32.076	17 **Cl** 塩素 35.446〜35.457	18 **Ar** アルゴン 39.948

10	11	12	13	14	15	16	17	18
28 Ni ニッケル	29 **Cu** 銅 63.546	30 **Zn** 亜鉛 65.38	31 **Ga** ガリウム 69.723	32 **Ge** ゲルマニウム 72.630	33 **As** ヒ素 74.92160	34 **Se** セレン 78.96	35 **Br** 臭素 79.901〜79.907	36 **Kr** クリプトン 83.798
46 Pd パラジウム 106.42	47 **Ag** 銀 107.8682	48 **Cd** カドミウム 112.411	49 **In** インジウム 114.818	50 **Sn** スズ 118.710	51 **Sb** アンチモン 121.760	52 **Te** テルル 127.60	53 **I** ヨウ素 126.90447	54 **Xe** キセノン 131.293
78 Pt 白金 195.084	79 **Au** 金 196.966569	80 **Hg** 水銀 200.592	81 **Tl** タリウム 204.382〜204.385	82 **Pb** 鉛 207.2	83 **Bi** ビスマス 208.98040	84 **Po** ポロニウム (210)	85 **At** アスタチン (210)	86 **Rn** ラドン (222)
110 Ds (281)	111 **Rg** レントゲニウム (280)	112 **Cn** コペルニシウム (285)	113 **Uut** ウンウントリウム (284)	114 **Fl** フレロビウム (289)	115 **Uup** ウンウンペンチウム (288)	116 **Lv** リバモリウム (293)	117 **Uus** ウンウンセプチウム (293)	118 **Uuo** ウンウンオクチウム (294)

64 Gd ガドリニウム 157.25	65 **Tb** テルビウム 158.92535	66 **Dy** ジスプロシウム 162.500	67 **Ho** ホルミウム 164.93032	68 **Er** エルビウム 167.259	69 **Tm** ツリウム 168.93421	70 **Yb** イッテルビウム 173.054	71 **Lu** ルテチウム 174.9668
96 Cm キュリウム (247)	97 **Bk** バークリウム (247)	98 **Cf** カリホルニウム (252)	99 **Es** アインスタイニウム (252)	100 **Fm** フェルミウム (257)	101 **Md** メンデレビウム (258)	102 **No** ノーベリウム (259)	103 **Lr** ローレンシウム (262)

注1：原子量は 2014 年現在のもの。
注2：複数の安定同位体が存在し，その天然での組成が大きく変動する元素については，原子量は変動範囲で示している。
注3：安定同位体が存在せず，天然でも特定の組成をとらない元素については，放射性同位体の質量数の一例を（ ）内に示した。

まだ答えが見つかっていない問題

化学には，いまだ解決されていない謎が数多くある。これらの問題は，これから解決されてゆくだろう。周期表にしても完成されているわけではなく，今後，合成される物質の数はうかがい知れない。今後進展していくと予測されているナノテクノロジーや量子コンピュータの分野でも，化学が果たす役割は大きいと考えられている。

フラーレンは生命を地球に運んだのか？

それは化合物だろうか？　はたまた混合物だろうか？　フラーレンの研究者たちは，ほかの原子をフラーレンの中に組み込むことが可能であることを発見した。つまり，いくつかの原子を60個の炭素をつなげたボールで包み込むことができるのだ。この複合体は「内包フラーレン」と呼ばれている。最初に得られたのはランタン内包フラーレンC_{60}で，今は略して$La@C_{60}$と表す。以来，各種のイオンや分子が，このナノスケールのボールの中に閉じ込められている。内包フラーレンの技術的応用はまだ具体的にはなっていない。しかし，2010年，フラーレンが宇宙に浮遊していることが発見されたことにより，こんな疑問が投げかけられた。フラーレンという化学物質は，原子だけでなく，分子も抱え込むことができるのだろうか？　もし可能だとしたら，パンスペルミア説（生命の根源は宇宙からやってきた化学物質によって地球上に運ばれたという説）のメカニズムになりえるのではないか？　はたして生命はフラーレンから作られた微小カプセルに運ばれて地球にやってきたのだろうか？

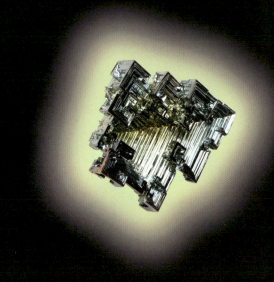

ビスマスは放射性か？

原子物理学者らは長年，ビスマスは周期表上の最後の安定元素ではなく，実際は最初の放射性元素であるという学説を立てていた。そして2003年，ビスマス-209（この重金属の，唯一天然に存在する同位体）は，α線を出して崩壊することがはっきりと示された。ただし，ビスマスの崩壊は非常にゆっくり進むものであり，その半減期は現在の宇宙の年齢よりも10億倍も長い。

周期表に終わりはあるのか？

　超ウラン元素のほとんどは非常に不安定であり，半減期はわずか数ミリ秒しかない。ばく大な時間と労力を費やして新元素の原子を数個作っても，ほとんど瞬時に崩壊して別の何かに変わってしまうのだ。しかし，「安定の島」をつくる原子番号120以降の元素がすべてを変えるかもしれないと予測されている。これらの元素の原子は巨大で，依然として高い放射能をもってはいるが，比較的安定であると考えられている。しかし137番元素からこの体系は崩れ始める。この時点で，原子を留めておくために必要な力は電磁気力が提供することのできる力を超えてしまうからだ。この仮想上の137番元素は，この問題を指摘した量子物理学者リチャード・ファインマンを称えてファインマニウム（Fy）と名づけられた。はたして，この記号が周期表の最後となるのだろうか？　かならずしも最後であるとは限らないが，少なくとも，終わりの始まりであることはたしかだ。ファインマニウムは原子を形成することはできるが，電気的に中性ではないため，これに至るまでの全元素を支配していたルールがもはや当てはまらなくなる。そして173番元素になると，これまでのルールは通用せず，原子はその奥深くにひそむ膨大な力によって瞬時に形成される陽電子（プラスの電荷を帯びた電子）を絶え間なく放出すると予測されている。

シリコンナノチューブは石炭の代わりになる？

　シリコン（ケイ素）は炭素と同じく原子価4の元素であり，ほかの四つの元素と結合することができる。ケイ素と水素の化学反応は炭化水素の化学反応に酷似している（炭化水素の反応ほど複雑ではないが）。シランと呼ばれるケイ素化合物はメタンやブタン，オクタンなどの炭化水素に似ているが，これらはすでに防水ペンキやフロントガラスのコーティングに利用されている。ケイ素のフラーレンはあまりにも不安定で形成することができないが，重金属原子を取り囲むケイ素の六角形のケージは合成されている。これらのユニットは，中央にある原子のスピン状態により，未来の高速コンピュータのデータを保存する量子ビット（qubit：キュービット）として使うことが可能であると提唱されている。2006年には，ケイ素のナノチューブが初めて作られた。ナノチューブ半導体の可能性は今後さらに探求されるだろうが，ほかにも，こうしたナノスケールのチューブの特性として，非常に孔の多い固体を形成できることも提唱されている。このような物質は，水素ガスを貯めることができ，そうして作られた複合体は石炭に似た高密度の固形燃料となる。燃焼すると膨大な熱を生むが，灰の代わりに砂が生成され，二酸化炭素はまったく放出されないという利点がある。

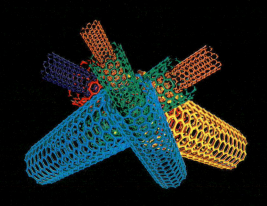

まだ答えが見つかっていない問題

自然はなぜ片方に偏っているのか？

ルイ・パスツールが発見したように，アミノ酸や糖といった生命体を構成している天然の化学物質の多くは「ホモキラル」である。すなわち自然界では，鏡像関係の異性体が存在しうる化合物であっても，多くの場合，一方の形態だけしか存在しない（＝偏っている）。また，生命体の代謝でも，タンパク質やDNAなどの重要な物質を作るためにはホモキラルな材料を用いる必要がある。もう片方の形態もまったく同じ化学組成と特性をもっているのに，なぜ自然がこれらの化学物質のうちたった一つの形態しか作らないのかは謎のままである。現在の生物学的活動のすべては，より原始的な化学的プロセスから生まれたという学説がある。もっともシンプルな生命体は，今のように原料からさまざまなものを製造するのではなく，すでに存在していた化合物をもとに作られたはずだ。そのため，地球上の生命のもととなった化合物は，ちょうど生物学的に合成された今日の子孫がそうであるように，ホモキラルであったと想定するのは道理に合う。さらに，隕石に乗って地球に到達した地球圏外のアミノ酸さえも，わずかにホモキラルなのだ。では，こうした化合物は，もともと一つの異性体でしか存在しなかったのだろうか？　それとも，何かしらのプロセスによって片方の異性体が破壊され，もう片方が破壊されずに残ったのだろうか？　科学者たちは，鏡写しの二つの異性体は，偏光を吸収する能力に大きな違いがあることから，中性子星から発せられる偏光が宇宙の物質をすべてホモキラルに純化しているのではないかと提唱している。

液状の水から構造物を組み立てることはできるか？

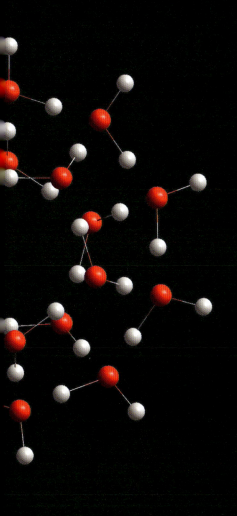

　宇宙の中で，地球は表面に液状の水をもつ非常にめずらしい星であることが知られている。わたしたちのいる太陽系以外の場所で，水が存在する惑星はあるかもしれない。しかし，地球に近い宇宙空間では，どの惑星も完全に乾燥しているか，あるいは氷で覆われている。さらに不思議なことには，地球上でシリカ（二酸化ケイ素）に並ぶ主な化合物でありながら，水はいまだに化学者たちを悩ませている。わたしたちの存在にとって必要不可欠なこの物質について，完全に説明することができると考える人もいるだろう。しかし，溶媒や熱を蓄えるものとして，あるいはさまざまな結晶や代謝プロセスにおいて，水が非常に重要な化学物質としての特徴をもっていることをふまえると，真の性質を完全に理解しているとはいいがたい。もし水の性質を真に理解したならば，まったく新しい技術が生まれるだろう。水分子は極性，つまり酸素の側は負電荷を帯び，水素の側は正電荷を帯びているため，分子全体で電荷の偏りがある。この特性により，水は，同様に電気を帯びている塩やほかのイオン化合物を非常によく溶かす。また，極性があるために，水分子は互いに「水素結合」と呼ばれる方法で結合することができる。もっとも簡単な水の構造は二量体と呼ばれ，2個の分子が水素結合によって結びついたものである。しかし，実際には，水分子は塊を形成し，構造はつねに複雑に変化している。要するに，水のサンプルは実のところ，よじれたりはげしく動いたりする超分子という単一の塊なのだ。もし化学者がこの塊を制御する方法を考え出すことができたら，水ベースの構造が作られるだろう。たとえば，28個の分子から作られる水フラーレンだとか280個の分子から作られる正二十面体でさえできるかもしれない。こういったものが気候変動の問題を解決したり，ダークマターの謎さえも明らかにしたりするだろうともいわれている。

きわめて少ない元素：フランシウム

　もっとも重いアルカリ金属のフランシウムは高い放射能をもつ。フランシウムはトリウムまたはウランの崩壊によって形成されるが，ほんの一瞬しか存在しない。いちばん寿命が長いものでも，半減期はわずか20分程度しかないのだ。この元素に関しては，ほぼすべてが理論上のものである。フランシウムは全金属元素のなかでもっとも反応性が高いと考えられている。セシウムでさえかなわない。したがって純粋なフランシウムを得るのは難しく，その化学的特性はほかの元素の特性から推測するしかない。フランシウムは非常に量が少なく，どの瞬間に地上の岩をすべて集めても，30グラム以上のフランシウムは含まれていないと推測されている。各原子は急速に崩壊して，たいていはわずか数秒で別の存在に生まれ変わるのだ。これまで収集されたフランシウムのもっとも大きなサンプルは，2004年に集められた30万個の原子である。これは直径1ミリメートルのガスの玉を形成するくらいの量で，重さは100億分の1グラム。それでも観察可能な光を十分に放ち，これがこれまでにただ一度きり観察されたフランシウムとなっている。化学者たちはフランシウム原子を合成することができた。はたして，フランシウムは自然界に存在するといえるのだろうか？

偉大なる化学者たち

ここからは，化学を形作った数々の発見をした人物たちに目を向けてみよう。その多くは，大学で研究を行っていた古代人や現代人，あるいは商業目的ではたらいていた科学の専門家たちである。また，アマチュアながら最前線で活躍した人々もいる。密室であれこれいじり回していた男たちも世界を変えた。アテネの北のまばらな木立の中であったり，シカゴ大学地下の原子炉であったり，どんな場所であっても，それぞれの発見にはそれぞれの物語がある。

アリストテレス

生年	紀元前384年
生誕地	ギリシア
没年	紀元前322年
重要な業績	古代西洋科学にもっとも影響を及ぼした人物

王の待医の息子でマケドニアの貴族であったアリストテレスはその身分にふさわしく，プラトンの弟子としてアテネで学問を修めた。そして，アリストテレスの思想は彼の師やほかのギリシア哲学者の思想に取って代わった。大部分においてまちがっていたからといって，アリストテレスが化学の発展を妨げたと見なすのは簡単だ。しかし，アリストテレスは詩や論理学，形而上学の体系，言語，そして生物学において多大な影響を及ぼした。遠く離れたトルクメニスタンからアイルランドに至る知識人たちに，2,000年近く熟考するきっかけを与えたのだ。

アボガドロ，アメデオ

生年	1776年8月9日
生誕地	サルデーニャ王国（現イタリア），ピエモンテ州のトリノ
没年	1856年7月9日
重要な業績	気体におけるアボガドロの法則，アボガドロ定数

アボガドロはイタリア語で「法律家」という意味をもつが，その名のとおり，アボガドロは代々弁護士を務める家庭に生まれた。教会の弁護士として訓練を受けた若きアメデオは，やがてすっかり科学に打ち込むようになり，教授にもなった。科学用語集に彼の名を残すきっかけとなった論文は1811年に発表されたが，「アボガドロの法則」と名づけられたのは亡くなってからのことだった。ナポレオン失墜後，生まれ故郷のトリノがサルジニアの支配下に落ちたとき，アボガドロは政治的反乱の一部に加わり，結果，大学での職を追われることになった。のちに復職したものの，王に対する武装暴動に荷担していると思われていた。

アレニウス，スヴァンテ

生年	1859年2月19日
生誕地	スウェーデン，ウプサラ県のウィク
没年	1927年10月2日
重要な業績	イオン反応に関する理論

アレニウスは，3歳のときには自力で字が読めるようになっていたといわれている。独学で学ぶ彼のことを，教師たちが気にとめることはなく，アレニウスの博士論文もほとんど注目されなかった。しかし，化合物は解離して電気を帯びたイオンになると唱えたこの研究論文により，1903年にノーベル化学賞を受賞した。1900年に設立されたノーベル財団で影響力のある人物となったアレニウスは，科学上のライバルでもあり敵対視していたドミトリー・メンデレーエフがノーベル化学賞を受賞することのないよう自らの権力を使って繰り返し阻止した。

エルステッド，ハンス・クリスティアン

生 年	1777年8月14日
生誕地	デンマークのルードコービング
没 年	1851年3月9日
重要な業績	電磁気現象の発見

ハンス・クリスティアン・エルステッドは主に自宅で教育を受けていたが，コペンハーゲン大学では優秀な成績を収めたため，1801年に留学のための奨学金を得た。これにより3年間にわたってヨーロッパを巡る機会を手にして，当時の偉大な思想家たちから学んだ。その後は，一切の興味関心をよそに，物理学と化学の勉強に打ち込んだ。電気と磁気を関連づけた1820年の大発見は両科学分野において広く影響を及ぼした。電磁誘導の単位は彼を称えてエルステッド（Oe）と名づけられた。

カロザーズ，ウォレス

生 年	1896年4月27日
生誕地	米国，アイオワ州のバーリントン
没 年	1937年4月29日
重要な業績	ナイロンの発明

ウォレス・カロザーズは，父親を喜ばせるために会計を学んでいたが，やがて有機化学に傾倒し大学教員としてはたらき始めた。1927年，化学薬品メーカーのデュポン社がそんなカロザーズに新しい実験用の研究室を率いてはどうかと提案した。彼の研究チームは，ネオプレンやポリエステル，そして最終的にナイロンを作り出した。しかし，すばらしい成功を収め，収入も2倍に跳ね上がったにもかかわらず，ふさぎ込むようになった。1937年4月29日，カロザーズはシアン化合物を飲んで自らの命を絶った。

カニッツァーロ，スタニズラオ

生 年	1826年7月13日
生誕地	イタリアのパレルモ
没 年	1910年5月10日
重要な業績	分子量に関するアボガドロの理論の発展

軍人およびシチリアの政治家として輝かしいキャリアをスタートさせたにもかかわらず，カニッツァーロはイタリア人化学者として30歳手前で自分の名前を冠した化学反応を残すことに成功した。カニッツァーロ反応とは，アルデヒドが対応するカルボン酸とアルコールの混合物に変化するもので，石油に含まれる有機化合物などの処理に向けての大きな一歩となった。カニッツァーロは，1860年に開催されたカールスルーエ会議における功績でより知られているだろう。このとき，ロシアのドミトリー・メンデレーエフの発想を強く支持し，周期表の確立に貢献したのだ。

キャヴェンディッシュ，ヘンリー

生 年	1731年10月10日
生誕地	フランスのニース
没 年	1810年2月24日
重要な業績	水素ガスの特定

代々の貴族家系に生まれ，祖父はともに公爵だった。また科学の才能にめぐまれた家柄でもあった。父親はロンドンの王立協会の会員であり，いとこはのちにケンブリッジ大学に寄付してキャヴェンディッシュ研究所を設立した。キャヴェンディッシュ研究所は，今もなお世界に名だたる研究機関である。キャヴェンディッシュは非常に内気でひっそりとした生活を好んだ。自宅裏にプライベートの階段の吹き抜けを造って一人で暮らせるようにし，使用人とのやりとりはノートで行ったほどだという。王立協会の夕食の常連ではあったが，めったに口を開くことはなかった。そのため，彼が発見したことの多くは死後ようやく明らかにされた。

キュリー，マリー

生　年	1867年11月7日
生誕地	ポーランドのワルシャワ（当時はロシアの一部）
没　年	1934年7月4日
重要な業績	放射能の分野の先駆者

　マリー・キュリーはポーランド人として生まれたが，当時ポーランドという国はなかった。生まれ故郷では，ポーランド語を話すことさえ違法となり，ドイツとロシアによる抑圧から逃れるために，多くの人がフランスに亡命した。マリーはパリで姉の学費を稼ぐためにはたらき，やがて彼女自身も姉に続いてソルボンヌ大学に入って二つの学位を取得した。数年後，マリーはピエールに出会う。彼はすでに磁石は臨界温度を超えるとその力を失うということを発見していた。二人は放射線によるひどいやけどに苦しみ，マリーはおそらく放射線が原因で白血病になり命を落とした。

クレブス，ハンス

生　年	1900年8月25日
生誕地	ドイツのヒルデスハイム
没　年	1981年11月22日
重要な業績	クエン酸回路の発見

　ハンス・クレブスはドイツ生まれの医師だ。1932年には，ほ乳類が不要なタンパク質を尿によって除去する方法（尿素回路）を解明した。同年にドイツ軍に入隊したが，ユダヤ人であることから翌年に除名され，さらに医師としての活動を禁じられた。クレブスは英国に移り，ケンブリッジ大学で研究職に就いた。1945年にはシェフィールド大学で生化学の教授になった。1953年にノーベル医学賞を受賞，1958年には，英国君主によってナイトの称号が与えられ，サー・ハンス・クレブスとなった。

クラプロート，マルティン

生　年	1743年12月1日
生誕地	ドイツ，ブランデンブルク州のヴェルニゲローデ
没　年	1817年1月1日
重要な業績	ウランなどいくつかの元素の発見

　このドイツ人化学者は，史上もっとも多くの新元素を発見した一人である。ほかの化学者が空気を調査しているあいだ，鉱物の分析に専念し，ウラン，チタン（ほかの人と共同で），ジルコニウムを発見している。また，テルル，ストロンチウム，セリウム，クロムの証拠を発見した。クラプロートは当初ドイツの各都市の薬局ではたらいており，化学は趣味にすぎなかった。しかし，1780年代になり，ベルリンで開業したあとで，市の兵学校の講師に任命された。やがてそこがベルリン大学に変わったときに，化学の教授になった。

ゲイ＝リュサック，ジョセフ・ルイ

生　年	1778年12月6日
生誕地	フランスのサン＝レオナール＝ド＝ノブラ
没　年	1850年5月9日
重要な業績	ゲイ＝リュサックの法則の発見

　彼にとって，フランス革命中に幼少期を過ごしたのは幸運だったのかもしれない。父親は恐怖政治で逮捕されたが，ゲイ＝リュサック自身は，当時科学者たちを悩ませた騒動のほとんどを避けることができた。パリ大学の助手でありながら，発見した気体の法則には彼の名前がつけられた。1804年には熱気球に乗って高度7,000メートルまで上昇し，異なる高度で空気のサンプルを収集した。地理学と生物学の功績で有名なアレクサンダー・フォン・フンボルトと共同研究を行うこともたびたびあり，ほかにもピペットやビュレットといった用語を生み出している。

シーボーグ, グレン

生　年	1912年4月19日
生誕地	米国, ミシガン州のシュペミング
没　年	1999年2月25日
重要な業績	超ウラン元素の発見

　グレン・シーボーグは科学者のなかでも珍しく, また今後も唯一と思われる特別な立場にある。人工元素9個の発見に関与したシーボーグは, 106番元素に自身の名前がつくというこのうえない名誉を手にした。1997年に正式名がつけられたシーボーギウムは, 現存する人物の名がついた唯一の元素なのである。シーボーグは原子爆弾を作った1940年代のマンハッタン計画において重要な研究者だった。しかし, その後数十年続いた冷戦では, 核拡散防止条約において多くの交渉を行った人物でもあった。

デイヴィー, ハンフリー

生　年	1778年12月17日
生誕地	英国, コーンウォール州のペンザンス
没　年	1829年5月29日
重要な業績	電気分解の先駆者

　デイヴィーはコーンウォールの貧しい木彫職人の息子として生まれたが, 幼いうちにペンザンスの裕福な医師の養子になった。デイヴィーは次々と好機を得て, 科学界と社交界の両方で名声を広げた。1800年代の初め, 王立協会の新会員だった彼は, ルイージ・ガルヴァーニのおいによる講演に出席した。それは, 近頃処刑された囚人たちに与えられた電気の効果を示すものだった。デイヴィーは友人メアリー・シェリーにこの出来事について話したといわれており, これが1818年の小説『フランケンシュタイン』に影響を与えたとも考えられている。

セルシウス, アンデルス

生　年	1701年11月27日
生誕地	スウェーデンのウプサラ
没　年	1744年4月25日
重要な業績	100度目盛の温度計の発明

　セルシウス温度計でもっともよく知られているこのスウェーデン人天文学者は, ほかにも1736年にフランスの測地探検隊とラップランドを訪れ, 天文測量を用いて地球の形状を測定した重要人物でもある。この探検中, セルシウスは水の融点と沸点は世界各地で一定であることを記録した。この記録を基に, 温度計の上限と下限を設定した。最初は沸騰している水を0℃, 凍っている温度を100℃と表した。セルシウスの死後, 生物学者カール・リンネがこれらの値を逆にした。

デモクリトス

生　年	紀元前460年頃
生誕地	ギリシア植民地（現在のトルコ）
没　年	紀元前370年頃
重要な業績	「科学の祖」の一人, 原子論の提唱

　デモクリトスは, 明らかにミレトスのタレスやアリストテレスと並ぶ「科学の祖」といえる。現在のトルコ西部にあたるギリシア植民地に生まれ, 同時代の人々よりもさらに遠く, 広い地域を旅したといわれている。研究はエジプトの数学者, ペルシアのマギ（司祭）, バビロ  ンの天文学者らの智恵によって刺激を受けていた。いっぽうでデモクリトスは, 慎ましい生活をし, 名声を求めることを拒否した。一説によれば, デモクリトスはより深く考える力を増すために自ら視力を失ったそうだ。ユーモアのある人物だったようで, いくら批判されても, 陽気に笑い飛ばした。

トムソン，ジョゼフ・ジョン

生　年	1856年12月18日
生誕地	英国のマンチェスター
没　年	1940年8月30日
重要な業績	電子の発見

　素粒子物理学者の始祖ジョゼフ・ジョン・トムソンは，原子は物質の最小単位ではなく，さらに小さな粒子から構成されていることを明らかにした。ラザフォードも彼の生徒の一人だ。トムソンは学校では優秀な生徒で，両親は彼を機関車技術士の弟子にする計画を立てていたが，彼はケンブリッジのトリニティカレッジに入学し，17歳の若さで数学と物理学を学んだ。それ以降，大学から離れることはなく，1884年に物理学教授になった。トムソンの息子ジョージもまた，ジョン・トムソンによって発見された電子の波動－粒子の二重性の研究でノーベル賞を受賞している。

ノーベル，アルフレッド

生　年	1833年10月21日
生誕地	スウェーデンのストックホルム
没　年	1896年12月10日
重要な業績	ダイナマイトの発明とノーベル賞の創設

　アルフレッド・ノーベルの名は，科学，医学，経済学および政治学においてもっとも偉大な業績に対して授与される賞につけられた。ノーベル賞は，彼の遺書により財産を遺贈された機関によって授与される。このようなことをしたのは，彼が責任を負うダイナマイトやゼリグナイトの発明よりも，よい伝説を残すためだった。これらの発明は，鉄工および兵器メーカー「ボフォース」の経営と併せて巨額の富を生んだ。ノーベルは教育を受けた化学者だった。ダイナマイトの成功は，きめ細かな土で火薬を安定させる方法を見つけたことが鍵となった。

ドルトン，ジョン

生　年	1766年9月5日か6日
生誕地	英国，カンバーランド州のイーグルスフィールド
没　年	1844年7月27日
重要な業績	近代原子論の構築

　ジョン・ドルトンはクエーカー教徒で，15歳のときから教師をしていたが，当時イングランドの大学は非国教徒の入学を許可していなかったので大学には入学できなかった。ドルトンはほぼ独学で学び，プリマスの博学者ジョン・ガフに教えを受けた。1794年，色覚異常者だったドルトンは，この病気に関して初めてとなる本格的な説明の一つを唱えた。英国王立協会の会員となった後も，イングランドのマンチェスターで質素に暮らした。原子量の単位は彼の功績を称えてドルトン（Da）と名づけられた。1ドルトンは炭素原子12の質量の12分の1である。

ハーバー，フリッツ

生　年	1868年12月9日
生誕地	ドイツのブレスラウ（現ポーランドのヴロツワフ）
没　年	1934年1月29日
重要な業績	化学肥料のための窒素固定法と化学兵器の開発

　フリッツ・ハーバーは，現在のポーランドでドイツ語圏だった村にユダヤ人として生まれたが，その後ユダヤ教からプロテスタントのルター派に改宗している。ハーバーが行ったある研究は，彼の経歴に消えることのない傷を残した。それは，窒素固定の功績ではなく，化学兵器の研究のためである。

1915年4月，ハーバーはイーペルの戦いで塩素ガス作戦を指揮した。最初の妻クララはその1カ月後に発砲自殺した。もちろん，忘れてはならないことはある。ハーバーは，やはり化学兵器をもつ敵国に対し，自国の生き残りをかけた戦争で軍当局者としての責任を果たしたのだ。

パスツール，ルイ

生　年	1822年12月27日
生誕地	フランスのドール
没　年	1895年9月28日
重要な業績	鏡像異性体の発見

　分子の鏡像異性体という大きな発見をしたにも関わらず，ルイ・パスツールは微生物学の祖の一人であると考えられている。彼は，牛乳やワインなど，液体の食材から微生物を除去する殺菌方法を開発するという食品安全性に関する研究でもっともよく知られている。彼はこの「微生物」，つまり細菌などが病気や腐敗を起こすことを発見した。これを証明するために行われた一連の有名な実験では，「白鳥の首」フラスコ〔首が長くS字に曲がっているフラスコ〕に培養液を入れて密閉したものと，細菌を含む空気にさらされた培養液を比較した。

ファラデー，マイケル

生　年	1791年11月22日
生誕地	英国，サリー州のニューイントン
没　年	1867年8月25日
重要な業績	電磁誘導の発見

　マイケル・ファラデーはロンドン郊外に生まれ，製本屋の年季奉公をしていた。しかし，英国王立科学研究所を訪れてハンフリー・デイヴィーやほかの人々による講義を聴き，これまでとは異なる分野に興味を抱いた。この講義から学んだことを記したノートを見たデイヴィーは大いに感心し，とうとうファラデーを助手にした。ところがファラデー自身の研究成果は恩師デイヴィーとの対立を生み，これが原因でファラデーはのちに深い鬱状態に陥ったと考えられている。晩年，彼は英国の人々によって高く評価されたが，研究はほとんど行っていなかった。

（アレクサンドリアの）ヒュパティア

生　年	355年頃
生誕地	エジプトのアレクサンドリア
没　年	415年3月
重要な業績	比重計の発明

　ヒュパティアは，当時，歴史書を手にすることはもとより，教室に足を踏み入れることさえ滅多に許されなかった時代に名を上げた女性である。父は巨大なアレクサンドリア図書館の最後の館長だったことから，ヒュパティアは幼少の頃から最良の教育を受けた。彼女は，ガラスと水銀のおもりを液中に浮かべる比重計の発明をした功績が認められている。おもりが浮いた高さが，その液体の密度を示す。ヒュパティアは古代に活躍した最後の学者の一人だったが，キリスト教が異端とみなすプラトン哲学を教えたことで，キリスト教徒によって殺害された。

フェルミ，エンリコ

生　年	1901年9月29日
生誕地	イタリアのローマ
没　年	1954年11月2日
重要な業績	世界初の原子炉（原子パイル）建設

　エンリコ・フェルミの科学的に優れた能力は悲惨な出来事から生まれている。兄が若くして亡くなり，ティーンエイジャーだったエンリコは勉強することで悲しみと戦ったのだ。24歳のとき，フェルミはイタリア初の原子物理学教授になった。そして10年たらずのうちに，無限の可能性をもつ原子力へのドアを開いた。1938年にはノーベル賞を受賞するためにスウェーデンを訪れたが，ローマには帰らなかった。ユダヤ人のフェルミは，ファシズム体制によって支配されているヨーロッパではなく，米国で核分裂の研究を続けた方がよいと考えたのだ。当時，多くの同僚も米国に渡っていた。フェルミはがんで命を落とした。初期の原子物理学では，放射能の危険性についてはよく知られていなかった。

フック，ロバート

生年	1635年7月18日
生誕地	イングランド王国のワイト島
没年	1703年3月3日
重要な業績	弾性に関するフックの法則の発見

　ロバート・フックは歴史にあまり名が残らなかった科学者だが，ロバート・ボイルの助手の一人で，その研究に重要な空気ポンプに関する大事な研究をした。フックは，1660年代に設立されたロンドン王立協会創立における重要人物でもあった。そして，バンジージャンプから原子振動に至るあらゆる現象を説明するために使われる「弾性に関するフックの法則」でもっとも有名だ。また，顕微鏡で生体試料を観察した初めての科学者の一人でもある。植物組織中に小さな囲いがあることを観察したフックは，それを修道士の部屋に関連させて「cell（細胞）」と名づけた。

プラトン

生年	紀元前428年か427年
生誕地	ギリシアのアテネ
没年	紀元前348年か347年
重要な業績	イデア論を説く

　プラトンはソクラテスに学んだ。この偉大なる哲学者についてわたしたちが知ることのほとんどは弟子であるプラトンによって書き残された。プラトンはのちにアカデミア（アテネの哲学者の学校）を設立した。今日では，学校教育に関連して「アカデミア」という言葉が使われているが，この名称はおそらくその土地の元所有者に由来するのではないかと考えられている。アカデミアで有名だった生徒の一人にアリストテレスがいる。プラトンの洗礼名はアリストクラットだったが，アリストテレスとの関係性を考えると，彼がレスリングの師匠にプラトン（「幅広い」という意味）という呼び名を与えられたのは歴史的には好都合だったのかもしれない。

ブラック，ジョゼフ

生年	1728年4月16日
生誕地	フランスのボルドー
没年	1799年11月10日
重要な業績	二酸化炭素の発見

　ジョゼフ・ブラックの両親はワイン商人だったため，幼少の頃からブドウ酒醸造業者によって使われる自然および人工的な化学反応プロセスになじみがあったようだ。最終的に医学の道に進むことを決意し，化学は趣味に留めた。それでも1750年代に，少量を計り取ることのできる天秤を発明している。また，ブラックはスコットランドにいた当時の知識階級の一員でもあった。アダム・スミスやデイヴィッド・ヒュームと定期的に会い，ジェイムズ・ワットとも親交が深かった。

ブンゼン，ロベルト

生年	1811年3月30日
生誕地	ドイツ，ヴェストファーレン州のゲッティンゲン市
没年	1899年8月16日
重要な業績	ブンゼンバーナーの開発

　ロベルト・ブンゼンは科学面で輝かしい経歴をもつ。その名は今ではブンゼンバーナーと呼ばれている新しいガスバーナーの開発，および1860年の新元素発見につながったブンゼンバーナーによるスペクトル解析の功績でもっともよく知られている。しかし彼はそれ以前から，ヒ素を含む爆発性有機化合物カコジルの発見により，すでに化学界で尊敬される人物となっていた。これは結合理論の開発に役立ったが，ブンゼンは成功と引きかえに多くの苦しみを味わった。カコジルの爆発により片目の視力を失い，さらにもう少しのところでヒ素中毒になりかけたのだ。

ベーコン, ロジャー

生 年	1214 年頃
生誕地	不明
没 年	1292 年
重要な業績	実験的科学手法の推進

今日，ロジャー・ベーコンは「科学の祖の一人」と呼ばれることが多い。ところが実際には研究はほとんどしておらず，ほかの資料から得た知識をつき合わせて批判していただけだと考えられている。生年は明らかではないが，オックスフォード大学を若干 13 歳で卒業したとされている。のちに教授として母校に戻り，また，パリ大学でも同様の職に就いた。40 代にフランシスコ会員となり，当時の教皇と取り引きをし，修道士の出版禁止令を免れて神学に関するアイデアを発表した。

ベルセーリウス, ヨンス・ヤーコブ

生 年	1779 年 8 月 20 日
生誕地	スウェーデンのリンシェーピング郊外
没 年	1848 年 8 月 7 日
重要な業績	原子量，現代の化学記号の考案

若きヨンス・ヤーコブはどんな職業に進むこともできたが，まずは医師としての訓練から始めた。しかし最新の科学を患者の治療に取り入れずにはいられず，数年間，ほとんど効果がないにもかかわらず微弱な電気ショックを病人に与えたこともあったという。やがてベルセーリウスの研究意欲は，近所の鉱山主がもちかけた仕事によって新たな方向へ向かう。鉱山主は，商業的な価値を評価するために，その地域の鉱物を分析してほしいとベルセーリウスに依頼したのだ。1808 年には，スウェーデンの名門校の一つ，カロリンスカ医学外科学院で教授になり，そこで残りのキャリアを積んだ。

ベクレル, アンリ

生 年	1852 年 12 月 15 日
生誕地	フランスのパリ
没 年	1908 年 8 月 25 日
重要な業績	放射能の分野の先駆者

ベクレル家はまさに科学一家であった。アンリ・ベクレルは 1838 年から 1948 年までフランスの国立自然史博物館で応用物理学の講義を担当した。1892 年には国立自然史博物館の 3 代目教授職に就任し，息子のジャン・ベクレルは 4 代目にして最後の教授となった。また，アンリ・ベクレルは，第二のキャリアとしてフランス道路橋梁局の技師長にもなった。1903 年には，キュリー夫妻とともに放射能の研究でノーベル物理学賞を受賞した。この分野の先駆者たちの多くがそうであったように，ベクレルも長生きはせず，55 歳で亡くなった。放射能の単位（ベクレル，Bq）は，彼の名前にちなんで名づけられた。

ボイル, ロバート

生 年	1627 年 1 月 25 日
生誕地	アイルランド王国のウォーターフォード州
没 年	1691 年 12 月 31 日
重要な業績	気体に関するボイルの法則の発見

化学の祖と呼ばれる偉人は何人かいるが，錬金術師の指針に疑問を投げかけ，元素の研究を科学的なものにする基礎を築いた最初期の人物といえば，1661 年に『懐疑的化学者』を著したロバート・ボイルである。科学に携わっていたボイルであるが，聖職者でもあり，東インド会社に出資してキリスト教の普及にも貢献した。遺書には，遺産は最新の宗教思想についてのレクチャーを開催するために遺贈すると書かれていた。何度か開催が見送られたこともあるが，以来現在にいたるまで，毎年ボイルレクチャーが行われている。

ポーリング，ライナス

生　年	1901年2月28日
生誕地	米国，オレゴン州のポートランド
没　年	1994年8月19日
重要な業績	共有結合の理論の構築

　ライナス・ポーリングは高校で優秀な成績を収め，16歳になる頃にはオレゴン州立大学（当時のオレゴン農業大学）に入学するのに十分な単位を取得していた。しかし，高校を卒業するために必要な歴史の単位を取ることができないまま高校をあとにした。彼がついに高校の卒業証書を手にしたのは，1960年代に二度のノーベル賞を受賞した後だった。ポーリングは家庭の事情から，第二次世界大戦中のマンハッタン計画への関与を断ったが，別の軍事研究に関わった。アルベルト・アインシュタインとともに，終戦後まもなく核兵器に反対する運動をしている。

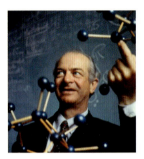

メンデレーエフ・ドミトリー

生　年	1834年1月27日（グレゴリオ暦2月8日）
生誕地	ロシア，シベリアのトボリスク
没　年	1907年1月20日（グレゴリオ暦2月2日）
重要な業績	周期表の発明

　ドミトリー・メンデレーエフはシベリアのとある村に大家族の末っ子として生まれた。多くの人は，兄弟の数は12人以上いたと推定している。1850年代，一家はサンクトペテルブルクに移った。メンデレーエフはよりよい教育を受け，ハイデルベルク大学でロベルト・ブンゼンに師事した。その後はサンクトペテルブルク大学の教授に落ち着き，残りのキャリアを積んだ。恋多き人生で，重婚の疑いもあったことからロシア科学アカデミーでの出世は妨げられたが，ほかの場所では十分に評価された。

（ユダヤ人女性の）メアリー

生　年	1世紀から3世紀のあいだ
生誕地	不明
没　年	1世紀から3世紀のあいだ
重要な業績	水浴（バン・マリー）の発明

　女予言者のマリアとしても知られるアレクサンドリアのメアリーは，特にアラビアの資料ではプラトンの娘ともいわれる謎に包まれた人物である。彼女がコプト教徒ではなくユダヤ教徒だったかどうかさえ定かではない。どの時代に生きていたのかも正確にはわかっていない。しかし，多くの批判があるように，モーゼの姉だったという説は除外した方が無難だろう。後世に残る功績は，水浴または「バン・マリー」と呼ばれる器具の発明であり，物質を緩やかに加熱することを可能にした。ほかにも，トリビコスやケロタキスといった蒸留器具も考案した。

ラヴォワジエ，アントワーヌ

生　年	1743年8月26日
生誕地	フランスのパリ
没　年	1794年3月8日
重要な業績	水の化学組成を解明

　アントワーヌ・ラヴォワジエは化学においてきわめて重要な人物である。酸素と水素を命名し，これまで元素であると考えられていた水が酸素と水素によって形成されていることを示した。ラヴォワジエはフランス革命の時代に生きた。母親から相続した財産で徴税請負会社の株を買い，嫌われていたルイ16世の片腕として税金を徴収して膨大な収入を得た。革命前は農民階級を助けるための改革を提案し，革命後は新体制のためにはたらいた。しかし，税金の仕事に就いていたことで彼の地位は失墜し，ギロチンの刑に処された。

ラザフォード, アーネスト

生 年	1871年8月30日
生誕地	ニュージーランドのスプリンググルーヴ
没 年	1937年10月19日
重要な業績	原子核の発見

　彼はニュージーランド北東部の質素な農家に生まれたが，のちにネルソンのラザフォード男爵にまで昇進した。アーネスト・ラザフォードの名前は初期原子物理学のいたるところで登場する。チャドウィック，ガイガー，ボーア，ハーン，ソディらは皆，ある時点でラザフォードの元で研究を行い，ラザフォードの理論に導かれて彼ら自身の発見に至ったことも多かった。ロンドンのウェストミンスター寺院の，やはり偉大な英国の科学者アイザック・ニュートンの近くに埋葬されている。1997年，104番元素は，彼の功績を称えてラザホージウム（Rf）と名づけられた。

レウキッポス

生 年	紀元前5世紀
生誕地	小アジアのミレトス
没 年	紀元前5世紀
重要な業績	原子論の考案

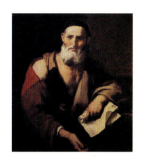

　デモクリトスは原子の概念を膨らませて説明したことでもっともよく知られているが，そのアイデアを考案したのはデモクリトスの師レウキッポスだったと考えられている。このギリシア哲学者についてはほとんど知られていないが，代々，非常に科学に熱心な哲学者を輩出してきた街ミレトス出身であるようだ。アリストテレスは，原子論の功績はレウキッポスのものであり，紀元前430年頃にデモクリトスによって継承されたと考えていた。レウキッポスは，宇宙は完全と無という二つの元素，すなわち固体と真空から構成されており，この二つの元素の相互関係によって自然現象が作られていると考えた。

ラプラス, ピエール＝シモン

生 年	1749年3月23日
生誕地	フランスのノルマンディー
没 年	1827年3月5日
重要な業績	熱量計の共同発明者

　ピエール＝シモンは，同僚の貴族ラヴォワジエの熱の性質に関する研究を助けただけでなく，数学者と天文学者としても多くの成果を生んだ。その名は確率論に関する研究においてもっともよく知られている。ラヴォワジエがフランスの革命指導者と衝突した一方，ラプラスは別の道をたどり，ナポレオン・ボナパルト（のちのフランス皇帝）の科学顧問になった。ラプラスは，どんな質問も悠然と退ける人だった。ナポレオンに「なぜ，おまえの本は神について触れていないのか」と尋ねられたときも，ラプラスはこう答えた。「わたくしには神という仮説は不要なのでございます。」

ローレンス, アーネスト・オーランド

生 年	1901年8月8日
生誕地	米国，サウスダコタ州のカントン
没 年	1958年8月27日
重要な業績	粒子加速器の発明

　アーネスト・ローレンスはサイクロトロン（超高速で原子同士を衝突させるために使われる粒子加速器）の発明者だ。彼の研究は初めてのテクネチウムのサンプル作りにおいて役立ち，同様の実験によってほかにも多くの人工元素が合成された。1939年にノーベル賞を受賞し，その専門知識はマンハッタン計画において，天然ウランから核分裂性の同位体を単離する方法を開発するために利用された。初の核兵器で使われたサンプルも作った。103番元素は彼の業績を称えて，1963年にローレンシウム（Lr）と名づけられた。

訳者あとがき

Standing on the Shoulders of Giants──
　みなさんは,「巨人の肩の上に立つ」という言葉を耳にしたことがありますか？　これは西洋の比喩表現の一つで,アイザック・ニュートンがロバート・フックにあてた手紙のなかで用いたことで有名になったものです。ただし,この表現を初めて使ったのはニュートンではなく,12世紀フランスはシャルトルのベルナルドという哲学者だといわれています。ベルナルドは,古代ギリシア・ローマ時代の学問を巨人にたとえ,「われわれは小人のようなものであり,より多くのものや遠くのものを見ることができるとすれば,それは巨人の肩に乗っているからである」と述べたそうです。つまり,現代人が古代人よりも優れているというのではなく,先人たちによる知識の積み重ねがあるからこそ,今の新しい発見や発明があるというのです。なんとも謙虚な姿勢であり,かつ物事の真理を的確に説いた言葉だと思いませんか？

　わたしが本書を読んだときに,ふと浮かんできたのがこの言葉でした。美しい挿絵や写真を堪能しながら本文を読み進めていくと,まるで博物館の中をゆっくりと巡っているときのように,人類が積み重ねてきた科学技術の歴史を感じることができたからです。たとえば錬金術に関しても,単に迷信や魔術ととらえるのではなく,今日の先端技術の成り立ちにとって欠くことのできない大事な要素として紹介されています。なかには卑金属を金に変えたり,不老不死の薬を見つけたりして大金持ちになりたいという欲望に駆られていた人もいたことでしょう。でも,仮にそれが事実であったとしても,そういった欲求や欲望が人々の探究心を刺激し,少しずつ形を変えて,さまざまな科学分野を生んできたのです。

　実際,当時錬金術師が躍起になっていた金属の変換も,現代の技術を利用すれば可能になったというのは大変興味深い話です。今なら,粒子加速器の中で水銀にベリリウムを衝突させれば金を作ることができるといいます(ただし,これには大変な時間と費用がかかるうえに,回収できる金はごく微量とあって,これで大金持ちになるのは難しいようですが)。また,近年,京都大学の研究チームが,レアメタルのパラジウムとよく似た性質をもつ新しい合金を作ったことも話題を呼びました。周期表でパラジウムの両隣にあるロジウムと銀を「足して2で割ればよいのでは……」という柔軟な発想が世界初の手法を生んだのです。パラジウムは銀歯やアクセサリーのほか,自動車の排気ガスを浄化するなどの触媒として利用されているのですが,外国からの輸入に頼らざるを得ない資源不足の日本にとって,これに代わる材料を作り出すことには大きな期待がかかっています。これは,2007年に経済産業省と文部科学省が協力して発足させた「希少金属代替材料開発/元素戦略プロジェクト」の成果の一つなのです。

　このような「現代の錬金術」をはじめとした化学の研究は,今さまざまな分野へ広がりながら,社会に還元されようとしています。なにしろ,地球温暖化による環境問題への対策や石油に代わる新エネルギーの開発,高レベル放射性廃棄物の処理方法など,取り組むべき課題は山積みなのです。今後,こういった課題を一つ一つクリアしていくにあたり,巨人の肩の上に立つのはもしかしたら読者のみなさんになるのかもしれません。そこからは,いったい,どのような景色が見えるのでしょうか。その景色を,みなさんから教えてもらえる日が来るのを楽しみにしています。

　最後になりましたが,本文中,化学史の用語については東京工業大学 梶 雅範教授に,走査トンネル顕微鏡の記述については東京理科大学 宮村 一夫教授にご校閲頂きました。厚く御礼申し上げます。また,本書の出版にあたり,応援してくれた家族に感謝し,編集を担当された熊谷 現さんをはじめ,ご尽力頂いた丸善出版株式会社のみなさまに心より御礼申し上げます。

2015年3月

大 森 充 香

索 引

※特に詳しい解説が記載されているページは太字で示した。

■欧数字

1 族　**4**
2 族　**4**
17 族　**5**
18 族　**5**

α 線　80, 84
α 崩壊　102
β 線　80
β 崩壊　102
γ 線　91

ADP　99
ATP　99
CERN　113
DNA　**106**
LHC　113
ITER　101
pH　72
RNA　107
W ボソン　112
X 線　73, 89, 91
X 線結晶学　**92**, 93
Z ボソン　112

■あ行

アインシュタイン，アルベルト　19, 81, 100
亜鉛　33, 49, 52, 60, 69
亜鉛めっき　48
アカデメイア　18
アクチノイド系元素　**4**
亜酸化窒素　41, 52
アデニン　107
アデノシン三リン酸　99
アデノシン二リン酸　99
アボガドロ，アメデオ　54, **126**
アボガドロの法則　**54**, 67
アミノ酸　105, 108
アリストテレス　18, 29, 44, **126**
アル＝キンディー　24
アル＝ラーズィー　23
アルカリ　23
アルコール　23, 24
　──の醗酵　12
アルゴン　76
アルゴンレーザー　77
アルベストゥス・マグヌス　24
アルミニウム　56, 72
アレニウス，スヴァンテ　72, 94, **126**
アレニウスの式　72
暗黒時代　21

安定の島　**112**, 123
アンペール，アンドレ＝マリ　56
アンモニア　83

飯島澄男　111
硫黄　23, 32, 34
硫黄‐水銀説　21
イオン　**59**
イオン結合　94, **116**
イスラム錬金術　23
異性体　61, 124
一酸化炭素　41
陰極　59
陰極線　**70**, 74
陰極線オシロスコープ　71
インゲンホウス，ヤン　98

ヴィラール，ポール　80
ヴィルヌーヴ，アルノー・ド　25
ヴェーラー，フリードリヒ　56, 57, 61, 64
ウラシル　107
ウラン　46, 80, 101, 103
ウンウンオクチウム　112
ウンウンセプチウム　112

エカアルミニウム　69
エカケイ素　69
液体　119
エチレン　96
エーテル　**18**, 19
エネルギー障壁　72
エムペドクレス　14
エルステッド，ハンス・クリスティアン　56, **127**
塩　32
炎色試験　66
塩素　42, 53, 68
エンタルピー　72

欧州原子核研究機構（CERN）　113
王水　25
大型ハドロン衝突型加速器（LHC）　113
小川正孝　97
オクターブの法則　68
オストワルト，フリードリヒ　83
オストワルト法　83
オネス，ヘイケ・カメルリング　110
オーム，ジョージ　71
オームの法則　71
『オルガノン』　29
温室効果　72

温度計　35

■か行

ガイガー，ハンス　84, 85
ガイガーカウンター　84, **85**
ガイガー‐マースデンの実験　84
ガイガー‐ミュラー計数管　85
『懐疑的化学者』　30
灰重石　42
ガイスラー，ハインリッヒ　63
ガイスラー管　**63**, 70
化学結合　94, **116**
化学反応式　55
化学肥料　82
化学兵器　82
鍵と鍵穴　108
核分裂反応　**100**
核融合　**101**
化合物　117
華氏　35
可視光線　91
ガス　37
苛性カリ　52
苛性ソーダ　52
活性化エネルギー　**72**
カニッツァーロ，スタニズラオ　67, **127**
火薬　22, 23
ガラス　**13**
カリウム　52, 68, 118
ガリウム　69
カール，ロバート・フロイド　109
ガルヴァナイジング　48
ガルヴァーニ，ルイージ　48
カルシウム　52
カールスルーエ会議　67
ガレン　57
カロザース，ウォレス　97, **127**
カロリー　45
カロリック　45
カロリメータ　45
カーン，サージ　97
還元　10
カント，イマヌエル　56

ギオルソ，アルバート　103
貴ガス　**76**
儀式　7
キセノン　77
気体　50, 119
帰納法　29
キャヴェンディッシュ，ヘンリー　39, 44, **127**
旧石器時代　7
キュリー，イレーヌ　78

キュリー，ピエール　78
キュリー，マリー　**78**, 128
鏡像異性体　**61**
共有結合　95, **116**
ギルバート，ウィリアム　28
キルヒホフ，グスタフ　66
金　9
銀　49, 52
金属結合　**117**
金属元素　**4**
『金属について』　27

グアニン　107
グアノ　**82**
空気　31
空気ポンプ　31
クエン酸回路　**98**
クォーク　113, 115
グッドイヤー，チャールズ　96
クライスト，エワルド・ジョージ・フォン　36
クラプロート，マルティン・ハインリヒ　46, **128**
クリック，フランシス　107
クリプトン　77
グルーオン　113
グルコース　98
クルックス，ウィリアム　70, 83
クルックス管　70
グレゴール，ウィリアム　46
クレブス，ハンス　99, **128**
クロトー，ハロルド　109
クーロン，シャルル＝オーギュスタン・ド　46
クーロンの法則　46

ゲイ＝リュサック，ジョセフ・ルイ　51, **128**
ゲイ＝リュサックの法則　51
ケイ素　55, 123
ケクレ，フリードリヒ・アウグスト　64, 67, 93
ゲーリケ，オットー・フォン　30, 36
ゲルマニウム　69
原子　16, 50, 74, **88**, 90, 94, 110, **115**, 117
　──の惑星モデル　85
原子価　**62**, 69
原子核　**84**, 115
原子番号　**4**, 89, 90
賢者の石　26
原子量　4, 68
原子力発電　**101**

原子論　**16, 50**
　　仏教における――　**17**
元　素　**90, 114**
　　――の結合比率　**51**
　　――の命名法　**47**
　　四大――　**14**
元素記号　**4, 26, 54**
原　爆　**101**

高温超伝導　**110**
合　金　**9**
光合成　**98**
鉱　滓　**11**
光　子　**81**
酵　素　**108**
光電効果　**81**
呼　吸　**98**
国際熱核融合実験炉（ITER）　**101**
黒曜石　**13**
固　体　**119**
固定空気　**37**, 40
琥　珀　**15**
コーパスル　**75**
コペルニクス，ニコラウス　**28**
コロナ　**67**
根　**65**
コンクリート　**12**

■さ行
サイクロトロン　**97, 103**
細　胞　**31**
『さまざまな種類の空気に関する実験と観察』　**41**
酸　**25**
酸化鉄　**72**
三原質　**32**
酸　素　**34, 40, 41, 42, 43, 44, 60**
　　――の分子量　**51**
三段論法　**29**

シェーレ，カール　**42, 43, 53**
紫外線　**91**
シカゴパイル１号　**101**
磁　気　**15**
脂　質　**104**
『磁石論』　**28**
質　量　**113**
質量分析　**86**
質量保存　**44**
シトシン　**107**
シーボーグ，グレン　**102, 112, 129**
ジャービル・イブン・ハイヤーン　**21**
ジャンサン，ピエール　**67**
シュウェッペ，ヨハン・ヤコブ　**41**
周期表　**3, 43, 54, 68, 120**
　　――の仕組み　**4**
重　水　**104**
臭　素　**53**, 68
樹　脂　**64**
酒石酸　**61**

純物質　**8**
笑　気　**41, 52**
沼　気　**50**
蒸気エンジン　**38**
硝　酸　**24, 25, 41, 42**
硝酸カリウム　**42**
硝酸銀　**25**
硝　石　**23**
食　塩　**53**
触　媒　**60**
触媒コンバーター　**60**
ジョリオ＝キュリー，フレデリック　**101**
シーライト　**42**
シラード，レオ　**101**
シラン　**123**
シリカ　**13**
シリコンナノチューブ　**123**
ジルコニウム　**46**
真空ポンプ　**36**
人工元素　**5, 97**
浸　炭　**11**

水　銀　**32, 35, 118**
水銀置換ポンプ　**63**
水酸化カリウム　**52**
水酸化カルシウム　**37, 42**
水酸化ナトリウム　**52**
水　素　**31, 39, 44, 60**
水素イオン指数（pH）　**72**
水素結合　**125**
スコラ哲学　**24**
ストーニー，ジョージ　**75**
ストラット，ジョン　**76**
ストロンチウム　**118**
スヌビエ，ジャン　**98**
スペクトル　**45, 66**
炭　**23**
スモーリー，リチャード・エレット　**109**

生気論　**57**
静電気力　**46**
青　銅　**9**
青銅器時代　**9**
整流器　**71**
赤外線　**91**
石　炭　**123**
石炭ガス　**62**
セグレ，エミリオ　**97**
セシウム　**66, 119**
石器時代　**6**
摂　氏　**35**
セリウム　**55**
セルシウス，アンデルス　**35, 129**
セルロイド　**64**
セルロース　**64**
セレン　**55**
遷移元素　**4, 62**
銑　鉄　**11**

潜　熱　**38**
走査トンネル顕微鏡　**110**
族　**118**
族番号　**4**
ソーダ灰　**13**
ソーダ水　**41**
ソディ，フレデリック　**80, 86**

■た行
第五元素　**18**
ダーウィン，チャールズ　**106**
多原子イオン　**116**
脱フロギストン化空気　**41, 43**
脱フロギストン化硝石空気　**41**
脱　離　**117**
ダニエル，ジョン・フレデリック　**59**
ダニエル電池　**59**
タレス　**14**
単一物質　**54**
単一物質表　**43**
タングステン　**42**
炭酸カルシウム　**37**
炭酸ナトリウム　**13**
炭酸マグネシウム　**37**
炭水化物　**104**
炭　素　**64, 87**
鍛　造　**11**
タンパク質　**104, 108**

置　換　**117**
地磁気　**28**
チタン　**46**
窒　素　**40, 82**
チミン　**107**
チャクラ　**17**
チャドウィック，ジェイムズ　**96**
中性子　**96, 100, 115**
超ウラン元素　**102**
超伝導体　**110**

『デ・レ・メタリカ』　**27**
デイヴィー，ハンフリー　**42, 52, 53, 129**
デイヴィーランプ　**52**
低温殺菌法　**61**
ティーレ，ヨハネス　**93**
デオキシリボ核酸　**107**
手　斧　**7**
テクネチウム　**97**
デサーガ，ピーター　**62**
鉄　**10, 39, 72**
鉄器時代　**10**
デビウム　**97**
テフロン　**96**
デーベライナー，ヨハン・ヴォルフガング　**60, 68**
デーベライナーのランプ　**60**
デモクリトス　**16, 50, 129**

デュマ，ジャン＝バティスト　**65**
電　気　**15, 28**
電気化学的二元論　**58**
電気分解　**52, 58**
電　極　**59**
電　子　**74, 80, 90, 94, 115**
電子回路　**71**
電磁気学　**56**
電磁石　**56**
電磁波　**91**
電磁誘導　**59**
天然金属　**9**
天然ゴム　**96**
天然磁石　**15**
電　波　**91**
電離放射線　**81**
電　流　**48**
転　炉　**11**

銅　**33, 49, 118**
同位体　**86, 101**
陶　器　**12**
動物電気　**48**
特殊相対性理論　**19**
トムソン，ジョゼフ・ジョン　**74, 75, 86, 130**
トリウム　**55**
ドルトン，ジョン　**50, 51, 54, 68, 130**

■な行
ナイロン　**96, 97**
ナトリウム　**52, 68, 118**
ナノチューブ　**111**

二酸化炭素　**37, 40, 98**
ニッポニウム　**97**
ニュートン，アイザック　**33, 45, 66**
ニューランズ，ジョン　**68, 69**
尿　素　**57**

ヌクレイン　**106**

ネオン　**77**
ネオンライト　**63**
ねじり天秤　**46**
熱容量　**38**
熱力学　**38**
熱　量　**45**
熱量計　**45**
ネプツニウム　**103**
燃焼試験　**66**

『ノヴム・オルガヌム』　**29**
ノーベル，アルフレッド　**130**

■は行
バウエル，ゲオルク　**27**
パークシン　**64**
パークス，アレグザンダー　**64**

パスツール，ルイ　61, 124, **131**
バッキーボール ⇨ フラーレン
白金　60
バックミンスターフラーレン ⇨ フラーレン
醗酵　12
バッテリー　36
発泡スチロール　**97**
ハーバー，フリッツ　82, **130**
ハーバー法　**82**
ハーバー－ボッシュ法　83
パラケルスス　34
バリウム　42, 52
ハロゲン　**53**
ハーン，オットー　100
バン・マリー　22
半金属元素　**5**
半減期　**82**
パンスペルミア説　**104**, 122
半導体　71, 111

火　7, 34
ビオ，ジャン＝バティスト　61
卑金属元素　**5**
非金属元素　**5**
ビスマス　122
ヒ素　69
ピタゴラス　17
ヒッグス場　113
ヒッグス粒子　**112**
ビッグバン　**113**
火の空気　42, 43
ヒポクラテス　14
ヒューウェル，ウィリアム　59
ヒュパティア　**131**
標準模型　112
肥料　83

ファインマニウム　123
ファインマン，リチャード　123
ファラデー，マイケル　58, 93, **131**
ファーレンハイト，ガブリエル・ダニエル　35
フェルミ，エンリコ　100, 102, **131**
フォト51　107
付加　**117**
腐食　**10**
フック，ロバート　30, **132**
フックの法則　31
フッ素　53, 119
ブフナー，エドゥアルト　108
フラー，リチャード・バックミンスター　109
プラウト，ウィリアム　92
ブラウン，フェルディナント　71
フラウンホーファー，ヨーゼフ・フォン　66

ブラック，ジョゼフ　37, 38, 40, **132**
プラトン　17, **132**
プラトン立体　**17**
プラムプディングモデル　**75**, 84
フラーレン　**109**, 122
フランクランド，エドワード　62
フランクリン，ベンジャミン　36
フランシウム　125
ブラント，ヘニッヒ　32, 33
プリーストリー，ジョゼフ　40, 43, 44, 98
プリズム　66
プリュッカー，ユリウス　63, 70
プルトニウム　103
フロギストン　34, 39
フロギストン空気　**40**
分圧　54
分光学　**66**
分光器　67
分子　51, **117**
ブンゼン，ロベルト　62, **132**
ブンゼンバーナー　**62**, 66

ベクレル，アンリ　73, **133**
ベクレル線　73
ベーコン，フランシス　**29**
ベーコン，ロジャー　24, **133**
ベッセマー，ヘンリー　**11**
ベッヒャー，ヨハン・ヨアヒム　34
ベトーズ，トーマス　52
ベドノルツ，ヨハネス　110
ヘリウム　**67**, 76
ペリエ，カルロ　97
ベリリウム　57
ベルセーリウス，ヨンス・ヤーコブ　54, 58, 60, 61, 96, **133**
ヘルツ，ハインリヒ　74, 81
ベルテロ，マルセラン　72
ベルヌーイ，ダニエル　50
ヘルメス＝トリスメギストス　22
ヘルメス全集　22
ヘルモント，ヤン・ファン　53, 98
偏光　61
ベンゼン　58, 93
ベンゼン環　**93**
ヘンリー，ジョセフ　59

ボーア，ニールス　88
ボーアの原子モデル　**88**, 90, 94
ホイヘンス，クリスティアーン　45
ボイル，ロバート　**30**, 32, 33, 39, **133**
ボイルの法則　31
方位磁石　**15**
方鉛鉱　71
芳香族化合物　93
放射性　78

放射性元素　**5**, 86
放射性炭素年代測定法　**87**
放射性変換理論　81
放射能　**73**
ホウ素　52
ボース粒子　112
ボソン　112
ホタル石　90
ボッシュ，カール　83
ホモ・エレクトス　7
ホモ・サピエンス　6
ホモ・ハビリス　6
ホモキラル　124
ポリエステル　96, 97
ポリエチレン　97
ポリ塩化ビニル　96
ポリマー　**96**
ポーリング，ライナス　94, 107, **134**
ボルタ，アレッサンドロ　49
ボルタ電堆　49, 52
ボルト　49
ポロニウム　78

■ま行
マイクロ波　91
マイトナー，リーゼ　100
マグネシアアルバ　37
マグネシウム　39, 52
マクミラン，エドウィン　102
摩擦起電機　36
魔術　7, 22
魔術師マーリン　21
マースデン，ジョージ　85
マッキントッシュ，チャールズ　96
マルコーニ，グリエルモ　71
マンガン　62
マンハッタン計画　101

水　44, 51, **125**
三つ組元素　68
ミュッセンブルーク，ピーテル・ファン　36
ミュラー，ウォルター　85
ミュラー，カール　110
ミラー，スタンリー　104
ミラーとユーリーの実験　**104**

無線通信　71

メアリー（錬金術師）　22, **134**
メタン　50
メートル法　**44**
メンデレーエフ，ドミトリー　3, 67, **68**, 77, **134**

モーズリー，ヘンリー　89
モリブデン　42

■や行
ユーリー，ハロルド　104

陽極　59
陽極線管　87
陽子　**92**, 115
溶接密閉　22
ヨウ素　53, 68
溶融製錬　9
四元素（仏教における）　17
四大元素　**14**

■ら行
ライデン瓶　36
ラヴォワジエ，アントワーヌ　41, 43, 44, 45, 47, **134**
ラザフォード，アーネスト　80, 84, 92, 96, **135**
ラザフォード，ダニエル　40
ラジウム　78, 80
ラファエロ　19
ラプラス，ピエール＝シモン　45, **135**
ラムゼー，ウィリアム　76
ランタノイド系元素　4

リチウム　55, 68, 118
リトマス試験　**25**
リービッヒ，ユストゥス　64
リボース　106
硫化鉛　71
硫酸　25, 49, 60
粒子加速器　97
量子　88
リン　32, 70

ルイス，ギルバート　94
ルビジウム　66

霊薬　26
レウキッポス　16, **135**
レニウム　97
錬金術　**20**, 26, 33
　イスラム──　23
錬金術師　2, 3
錬鉄　11
レントゲン，ヴィルヘルム　73

ロジウム　60
ロッキャー，ノーマン　67
ロック，ジョン　33
ローレンス，アーネスト・オーランド　97, **135**
ロンズデール，キャスリーン　93
ロンドン大火　34

■わ行
ワット，ジェイムズ　38
ワトソン，ジェイムズ　107

1941年 ウランに中性子を衝突させてウラン元素ネプツニウムが、ウランに中性子を衝突させて作られる。

1952年 ミラーとユーリーの実験によって、原始スープをまねた単純な化学物質の溶液を数週間にわたり熱したり電気を流したりすると、生物に見られるような複雑な生体物質が形成されることが示される。

1953年 フランシス・クリックとジェイムズ・ワトソンがDNA（デオキシリボ核酸）の二重らせん構造を解明する。

1965年 酵素が初めて分析され、生物学的プロセスの触媒機能を担う物質の形状が解明される。

1985年 60個の炭素原子が球状構造を形成するバックミンスターフラーレンが発見される。

1991年 フラーレンをチューブ状にしたようなナノチューブが合成される。これは非常に強じんで、軽い、超伝導物質となる。

1995年 予測されてから70年後、最初のボース=アインシュタイン凝縮（巨視的スケールで量子のふるまいをする非常に冷たいガス）が実現される。

2010年 まだ命名されていないウンウンセプチウム（117番元素）がロシアで作られ、周期表に含まれる既知の元素は全部で118個となる。

2011年 物理学者が、素粒子が質量を得た方法を説明する鍵となるヒッグス場の証拠を見つける。

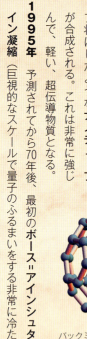
バックミンスターフラーレン

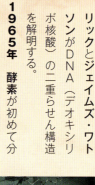
クリックとワトソン

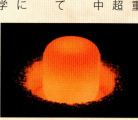
プルトニウム

1941年 ウランより大きくて重い、初めての超ウラン元素ネプツニウムが作られる。

1952年 プルトニウムが作られる。

天然に存在する元素のなかでもっとも重いウランに中性子を衝突させて作られる。

て月面歩行をする。

1974〜83年 スブラマニヤン・チャンドラセカールがブラックホールの存在を予言する。

1976年 超音速旅客機コンコルドが就航する。

1979年 初めての体外受精児が生まれる。

1981年 米国のスペースシャトル計画が始まる。

1983年 初めての一般向け携帯電話が発売される。

1984年 エイズウイルスが特定される。

1989年 シドニー・アルトマンとトマス・ロバート・チェックが、遺伝子発現におけるRNA（リボ核酸）の触媒的役割の発見においてノーベル賞を受賞する。

1996年 スコットランドで初めてのクローン動物、ヒツジのドリーが誕生する。

1998年 国際宇宙ステーションの組立てが開始される。

2000年 ヒトゲノムが解読される。

2004年 インターネット上のソーシャル・ネットワーキング・サービス、フェイスブックが開設される。

2005年 カスピ海と地中海を結ぶ新しい油送管が開通する。

2009年 内科的疾患のための遺伝子治療が開始される。

2010年 アップル社が、ノート型パソコンとスマートフォンの中間にあたる「タブレット型」コンピュータiPadを販売する。

ヒツジのドリー

ン・マンデラが、27年間過ごした南アフリカの刑務所から釈放される。

1990〜91年 ソビエト連邦が崩壊する。

1994年 英国とフランスを結ぶ英仏海峡トンネルが開通する。

2001年 9・11が起きる。テロリストが旅客機をハイジャックし、ニューヨークにある世界貿易センターのツインタワーおよびワシントンDCに激突する。米国がアフガニスタンのタリバンに対し「対テロ戦争」を宣言する。

2003年 第二次湾岸戦争が起きる。米国がイラクへの侵攻を主導し、サダム・フセインを倒す。

SARS（重症急性呼吸器症候群）が世界的に流行する。

2004年 スペインのマドリードで列車の爆破テロが起きる。

2008年 考古学者が、エルサレムの第一神殿と見られる遺跡を発見する。

2011年 日本で東日本大震災が起き、地震と津波によって壊滅的な被害を受ける。

テロリストに突撃されたツインタワー

日本の津波

ネルソン・マンデラ

1901年 アーネスト・ラザフォードとフレデリック・ソディが、放射線の照射によって元素の変換が起きることを発見する。

1908年 アーネスト・ラザフォードとフレデリック・ソディが放射線をα線、β線、γ線という三つの種類に分ける。

1909年 小川正孝がレニウムを単離する。

1911年 肥料や爆発物に使用されるアンモニアを工業規模で生産するためにハーバー法が開発される。

1911年 アーネスト・ラザフォードとハンス・ガイガー、アーネスト・マースデンが、原子内部はほとんど何もない空間で、中央に正電荷の核があることを示した。

1913年 ニールス・ボーアが、核のまわりに軌道を描くように電子が存在する原子モデルを発表する。このモデルは、原子内の軌道間を電子が移動することで、光子エネルギーがどのように放射・吸収されるのかを説明するもので、量子物理学の基礎を築く。

1917年 アーネスト・ラザフォードが陽子を発見する。

1930年 ライナス・ポーリングが、原子内の電子配置によって形成される化学結合を説明する。

1932年 ジェイムズ・チャドウィックが中性子と呼ばれる無電荷の粒子を発見する。

1935年 石油からナイロンが製造される。

1937年 半減期が短く天然にはほとんど存在しない43番元素が、初期の粒子加速器の残留物から発見される。テクネチウムと名づけられる。

1938年 エンリコ・フェルミが初めての核分裂連鎖反応を開始する。

1939年 実験室で合成されたので、天然から得られた最後の元素フランシウムが発見される。

1940年 ビスマスにヘリウムの原子核を衝突させてアスタチンが得られる。

エンリコ・フェルミ

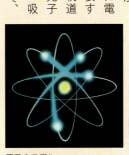
ナイロンの構造

原子のモデル

るのは不可能だとする不確定性原理を公式化した。粒子の位置を決定しようとすると運動の値が不安定となり、その逆も同様であると理由づけた。

1928年 アレグザンダー・フレミングが、抗生物質ペニシリンを発見する。

1929年 エドウィン・ハッブルが、銀河系のほかにも存在することを実証し、宇宙は膨張しているとするハッブルの法則を定式化する。

1931年 ポール・ディラックが反物質の概念を提唱する。

1935年 エルヴィン・シュレーディンガーが、思考実験「シュレーディンガーの猫」を提唱する。

1945年 広島と長崎に原子爆弾が投下される。

1946年 ハンガリーのビーロー・ラースローがボールペンを発明し、何百万本も売れる。

1950年 アラン・チューリングが、機械の知性を試験する「チューリングテスト」を提案する。

1955年 ジョナス・ソークがポリオワクチンを開発する。

1961年 ロシアのユーリー・ガガーリンが人類で初めて宇宙に行く。

1969年 アポロ11号が初めての有人月面着陸に成功する。ニール・アームストロングとバズ・アルドリンが、人類で初め

初めての有人月面着陸

破壊された広島

リー・ショスタコーヴィチが、ナチスがレニングラードの街を包囲しているあいだに交響曲「レニングラード」を作曲する。

1945年 冷戦が始まる。

ジャン＝ポール・サルトルが実存主義哲学を唱え、恋人のシモーヌ・ド・ボーヴォワールもこの運動における主要人物である。

1948年 マハトマ・ガンディーがインドで暗殺される。

1948年 イスラエル国が建国され、多くのパレスチナ人が難民となる。

1950〜53年 朝鮮戦争が起きる。

1955年 欧州連合が設立される。

1960年 ポップグループ、ビートルズが世界的に有名になる。

1963年 米国大統領J.F.ケネディがダラスで暗殺される。

1965〜73年 ベトナム戦争が起きる。

1967〜75年 カンボジア内戦が起きる。

1974年 パンクロック音楽が生まれる。

1979年 イラン革命が起き、イスラム政権がドイツが支配するようになる。

1989〜90年 ベルリンの壁が崩壊し、ドイツが統一される。

1990年 反アパルトヘイトの主導者ネルソ

ロンドン大空襲

ビートルズ

周期表の歴史年表

1861年 ウィリアム・クルックスがタリウムを特定する。

1868年 太陽光スペクトルの観察によってヘリウムが特定される。

1869年 ドミトリー・メンデレーエフが、原子量と原子価をもとに元素を縦に配列した周期表を提案する。

1874年 フェルディナント・ブラウンが半導体を発見する。

1875年 1871年にドミトリー・メンデレーエフが予言したガリウムが分光法で観察される。

1886年 90年前にラヴォワジエが存在を予言した元素フッ素をアンリ・モアッサンがついに単離する。

1871年にメンデレーエフが存在を予言したゲルマニウムをクレメンス・ヴィンクラーが発見する。

1889年 スヴァンテ・アレニウスが化学反応が起きるためには活性化エネルギーが必要であることを提唱する。

1894年 レイリー男爵とウィリアム・ラムゼーが空気を液化することによってアルゴンを単離し、貴ガスのサンプルを初めて作る。

1896年 アンリ・ベクレルが放射能を発見する。

不純なサマリウムからユウロピウムが特定される。

1897年 J.J.トムソンが電子を発見し、原子のプラムプディングモデルを提唱する。

1898年 ウィリアム・ラムゼーとモリス・トラバースがネオン、クリプトン、キセノン、ラドンのガスを単離する。

キュリー夫妻がポロニウムとラジウムを発見する。

1899年 ピッチブレンドからアクチニウムが得られる。

1900年 アーネスト・ラザフォードとポール・ヴィラー

メンデレーエフの最初の周期表の草稿

マリー・キュリー

1876~90年 ロベルト・コッホが、炭疽、結核、コレラの病原菌を特定する。

1877~83年 トマス・エディソンが蓄音機と実用的な電球を発明する。

1887年 ハインリヒ・ヘルツが電磁波の存在を証明する。

1895年 ヴィルヘルム・レントゲンがX線を発見する。

リュミエール兄弟が映画撮影用カメラで映画産業を生む。

1900年 マックス・プランクがエネルギー量子仮説を提唱する。

フェルディナント・フォン・ツェッペリン伯爵が硬式飛行船を発明する。

1901年 第1回ノーベル賞が授与される。

グリエルモ・マルコーニが最初の無線電信を伝送する。

1903年 ライト兄弟が最初の動力飛行を行う。

1904年 ティーバッグが開発される。

1908年 T型フォードとして知られる自動車が発売される。

1916年 アルベルト・アインシュタインが相対性理論を提唱する。

1926年 ジョン・ロージー・ベアードがテレビを発明する。

1927年 ヴェルナー・ハイゼンベルクが、粒子の位置と運動を同時に決定す

ジョン・ロージー・ベアード

グリエルモ・マルコーニ

トマス・エディソン

年 パブロ・ピカソとジョルジュ・ブラックがキュビズムと呼ばれる芸術スタイルを発展させる。

1910年頃 ジャズ音楽が米国で発展する。

1911~12年 辛亥革命により数千年に及んだ中国の帝政が終わり、共和制国家が樹立する。

1914~18年 第一次世界大戦が起きる。

1917年 ロシア革命が起きる。

1918~19年 インフルエンザの世界的大流行で2000万人が死亡する。

1919年 国際連合の前身、国際連盟が設立される。

1926年 アラビア半島にサウジアラビア王国が形成される。

1927~49年 国共内戦が終わり、毛沢東のもとに中華人民共和国が設立される。

1927年 初めてのトーキー映画『ジャズ・シンガー』が上映される。

1928年 ウォルト・ディズニーのアニメーション『蒸気船ウィリー』で、ミッキーマウスが初登場する。これは音楽と映像を完全に調和させた初めての映画であった。

1929年 米国の株式市場が暴落して世界大恐慌が始まる。

1939~45年 第二次世界大戦が起きる。

1942年 ロシアの作曲家ドミト

世界大恐慌

エッフェル塔

1817年 三人の科学者が独自にカドミウムを発見する。

1818年 ヨアン・オーガスト・アルフエドソンがリチウムを特定する。

1824年 ヨンス・ヤーコブ・ベルセーリウスがシリカ（二酸化ケイ素：砂の主成分）からケイ素を単離する。

1825年 アントワーヌ・ジェローム・バラールが臭素を発見する。

1825年 クリスティアン・エルステッドがアルミニウムを発見する。

1828年 フリードリヒ・ヴェーラーが偶然にも、化学的手法で生体物質である尿素を合成し、生物の体内でも化学反応が起きていることを示す。

1829年 ヨンス・ヤーコブ・ベルセーリウスがトリウムを発見する。

1830年 ヨンス・ヤーコブ・ベルセーリウスが原子は電磁気力によって結合していると提唱する。

1834年 マイケル・ファラデーが化合物は荷電したイオンから形成されると提唱する。

1838年 カール・ガスタフ・モサンダーがランタンを特定する。

1852年 ロベルト・ブンゼンがブンゼンバーナーを発明する。

1856年 木の中に含まれるセルロースから、初めての人工樹脂《象牙のような合成物》が作られる。

1858年 アウグスト・ケクレが、炭素原子が「骨組み」を形成し、そのまわりにほかの原子が結合できることを示す。これは有機化学という新たな分野の基礎となった。

1860年 ロベルト・ブンゼンとグスタフ・キルヒホッフが分光法によりセシウムを特定する。その翌年にはルビジウムが特定される。

スタニスラオ・カニッツァーロがカールスルーエ会議で、アボガドロの法則を使って原子量を正確に導く方法を示す。

ブンゼンバーナー

マイケル・ファラデー

1849年 ウォルター・ハントが安全ピンを発明する。

1850年 英国とフランスのあいだに初めての海底ケーブルが敷設される。

1850年代 大英帝国が最盛期を迎える。

1854年 クリミア戦争でロシアが英国やフランスと戦う。

1855年 アイザック・シンガーがミシンモーターの特許を取得する。

1859年 チャールズ・ダーウィンが『種の起源』を出版し、進化の理論を提唱する。

ヘンリー・ベッセマーが、転炉を発明して鋼の製造を助ける。

1861年 ジェイムズ・クラーク・マクスウェルが最初のカラー写真を撮影する。彼はのちに「マクスウェルの方程式」を導き、電気と磁気の関係を説明する。

内燃機関が発明される。

1861〜65年 南北戦争により米国の奴隷制度が廃止される。

1861年 ソルフェリーノでの血みどろの戦いのあと、赤十字社が創立される。

1864年 ルイ・パスツールが、ミルクなどの液体を長く保存できるようにする殺菌処理方法を発見する。

1866年 アルフレッド・ノーベルがダイナマイトを発明する。

1870年 イタリア王国が統一国家を設立する。

1871年 ドイツ連邦が統一国家を設立する。

1870〜71年 普仏戦争が起きる。

1874年 パリで初めて印象派の展示会が開催される。

1876年 アレグザンダー・グレアム・ベルが電話を発明する。

グレゴール・ヨハン・メンデルが遺伝に関する法則を発表する。

1883年 インドネシアの火山島クラカタウが噴火する。

1887年 サー・アーサー・コナン・ドイルが『シャーロック・ホームズ』第一作目を出版する。

1889年 バスケットボールが発明される。

カール・マルクスとフリードリヒ・エンゲルスが『共産党宣言』を出版する。

1909〜12 パリにエッフェル塔が建設される。

シンガーミシン

現代の安全ピン

赤十字の救急車

ルイ・パスツール

ワトソン博士とシャーロック・ホームズ

クラカタウの噴火

周期表の歴史年表

1791年 ウィリアム・グレゴールがチタンを特定する。ただしこの金属の単体が得られたのは1910年になってからであった。

1794年 ヨハン・ガドリンが、自分の名にちなんでつけられたガドリン石の中にイットリウムを発見する。

1798年 ルイ＝ニコラ・ヴォークランが金属元素としてエメラルドの中にベリリウムを発見する。

1800年 アレッサンドロ・ボルタが、最初の電池であるボルタ電堆を組み立てる。

1801年 アンドレス・マヌエル・デル・リオがバナジウムを発見する。

1803年 ジョン・ドルトンが、各元素には特定の原子量があるとする新しい原子理論を提唱する。

ウィリアム・ハイド・ウォラストンが白金サンプルの中にパラジウムを発見する。

マルティン・ハインリヒ・クラプロートがセリウムを発見する。この名前は小惑星のセレスにちなんでつけられた。

1804年 ウィリアム・ウォラストンがロジウムを単離する。

1807年 ハンフリー・デイヴィーが電気分解によってカリウムとナトリウムを単離する。

1808年 ジョセフ・ルイ・ゲイ＝リュサックが、気体は一定の割合で結合することを観察する。また、ホウ素の存在を予言し、その9日後にハンフリー・デイヴィーが単離する。デイヴィーはほかにも、カルシウムとバリウムを発見する。

1811年 ベルナール・クールトアが海藻の灰からヨウ素を発見する。

1812年 アメデオ・アボガドロが、同一体積の気体はいずれも同数の分子を含むと結論づける。

1813年 ヨンス・ヤーコブ・ベルセーリウスが化合物の組合せを表す化学記号を提唱する。

ハンフリー・デイヴィー

ボルタ電堆

1820年代 写真技術が発明される。

1825年 英国で世界初の公共用鉄道が開通する。

1829年 ミシンが発明される。

1834年 チャールズ・バベッジが、階差機関と呼ばれる計算機を発明する。これがコンピュータの前身となる。

1836年 サミュエル・コルトが初めてのリボルバー拳銃を発明する。

ルイ・ブライユが、盲人のために点字を考案する。

1837年 初期の銀板写真ダゲレオタイプができる。

1839年 チャールズ・グッドイヤーがゴムの加硫法を発明する。

1841年 サミュエル・スローカムがステープラーの特許権を取得する。

カークパトリック・マクミランが自転車を発明する。

1844年 モールスが初めての電信メッセージを送る。

1845年 輪ゴムが発明される。

1846年 マサチューセッツ州の歯科医ウィリアム・トーマス・モートンが、抜歯のために初めて麻酔を使用する。

現存する最古のダゲレオタイプ

ストックトン・アンド・ダーリントン鉄道

電信機

1800年 ワシントンDCに米国議会図書館が建設される。

1804年 ナポレオン・ボナパルトがフランス皇帝になり、1815年にワーテルローの戦いに敗れるまで、ヨーロッパの領土を次々と征服していく。

1811~25年 スペイン領に対するラテンアメリカの独立戦争が起きる。

1818年 メアリー・シェリーが『フランケンシュタイン』を発表する。この作品は世界初のSF小説と考えられている。

1826~33年 葛飾北斎が富嶽三十六景を描く。

1829年 サー・ロバート・ピールによってロンドン警視庁が設立される。

1835年 パリのエトワール凱旋門が建設される。

1837年 英国でヴィクトリア女王が即位する。

1845年 米国で野球が発明される。

1848年 米国カリフォルニア州でゴールドラッシュが始まる。

エトワール凱旋門

ピーラー（警察官）

ナポレオン・ボナパルト

とも巨大になり、人口はヨーロッパ全体の2倍となる。

周期表の歴史年表 * (4)145

1735年 アントニオ・デ・ウジョーアが、のちに白金と命名される新元素を発見する。

1750年 ジョゼフ・ブラックが二酸化炭素を単離して、呼気から放出されることを示す。

1751年 アクセル・フレドリック・クルーンステットがニッケルを単離する。ニッケル鉱物は銅とよくまちがわれたことから、「悪魔」を意味するドイツ語にちなんで命名された。

1755年 ジョゼフ・ブラックが酸化マグネシウムからマグネシウムを特定する。ただし、精製されたのは50年後、ハンフリー・デイヴィーによる。

1766年 ヘンリー・キャヴェンディッシュが水素を単離する。

1770年 トルビョルン・ベリマンがマンガンを発見する。

1771年 カール・ヴィルヘルム・シェーレが初めて酸素を単離する。1777年に、アントワーヌ・ラヴォワジエが元素として命名する。

1772年 ダニエル・ラザフォードが呼気から窒素を単離する。命名はのちにアントワーヌ・ラヴォワジエが行った。

1774年 カール・ヴィルヘルム・シェーレが造岩鉱物にバリウムを発見する。

1774年 カール・ヴィルヘルム・シェーレが純粋な塩素を生成する。1808年に、ハンフリー・デイヴィーがこの気体を元素として認識する。

1778年 カール・ヴィルヘルム・シェーレがモリブデンを発見する。

1781年 トルビョルン・ベリマンがタングステンを発見する。

1787年 ウィリアム・クラックシャンクがストロンチウムを特定する。

1789年 アントワーヌ・ラヴォワジエらが化学物質の命名法を提唱し、既知の33元素を含む元素表を作成する。マルティン・ハインリヒ・クラプロートがウランを発見し、惑星の天王星（ウラヌス）にちなんで命名する。また、ジルコニウムを発見する。

タングステンの結晶

燃焼しているマグネシウム片

1642年 ブレーズ・パスカルが若干19歳で機械式計算機を作る。

1660年 王立協会がロンドンに設立される。

1662年 ロバート・ボイルが、気体が占める体積はその気体の圧力に反比例する法則（ボイルの法則）を発見する。

1687年 アイザック・ニュートンが、運動の三法則と引力の理論を説明する。

1750年代 産業革命が英国で始まる。

1752年 ベンジャミン・フランクリンが、雷の中で凧を飛ばし、避雷針を発明する。

1764年 ジェイムズ・ワットが蒸気機関を発明する。

1764年 ジェイムズ・ハーグリーヴズがジェニー紡績機を発明する。

1783年 モンゴルフィエ兄弟が熱気球を発明する。

1790年 イーライ・ホイットニーが、収穫した綿花から種をすばやく取り除く綿繰り機を発明する。

1796年 エドワード・ジェンナーが、天然痘のワクチン接種を初めて実施する。

イーライ・ホイットニーの綿繰り機

ベンジャミン・フランクリンの雷の実験

コペルニクスの太陽中心説

が文化の中心地になる。

1500年 ヨーロッパでルネサンスが最盛期を迎える。

1582年 ヨーロッパでグレゴリオ暦が導入される。

1603年 徳川家康が江戸幕府を開く。

1618～48年 中央ヨーロッパで三十年戦争が起きる。

1619年 北米のヨーロッパ植民地に最初のアフリカ人奴隷が連れて来られる。

1632～35年 インドのシャー・ジャハーンによってタージ・マハルが建設される。

1750年代 ヨーロッパのクラシック音楽が発展し始める。この頃の偉大な作曲家にはハイドン、モーツァルト、ベートーヴェンがいる。

1751～65年 ドニ・ディドロがフランスで『百科全書』を出版し、多方面に影響を与える。

1775～83年 米国独立戦争が起きる。

1788年 オーストラリアのボタニー湾に初めての英国植民地が設立される。

1789年 ジョージ・ワシントンが初代米国大統領になる。

1790年代頃～1850年 ヨーロッパの芸術と文化にロマン主義運動が展開される。芸術家にはドラクロワ、ブレイク、ターナー、音楽家にはショパン、作家にはゲーテ、バイロン、ヒューゴがいる。

1790年 満州の清王朝のもと、中国はもっ

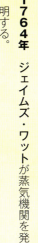
ディドロの『百科全書』に記載されている図

周期表の歴史年表

紀元前350年 アリストテレスが、水、土、空気、火から構成される四大元素に五つ目の元素エーテルを加える。

紀元前200年 中国で、金属製の武器を強固にするためにクロムが使用される。

西暦300年 自然を理解する方法として、魔術と科学が融合した錬金術がエジプトから広がる。

750年 ペルシアの錬金術師アブー・ムーサー・ジャービル・イブン・ハイヤーン（通称ジャービル）が、物質を金属、精、粉または土に分類する。

900年 初期の火薬（黒色火薬）が中国で開発される。

1250年 ロジャー・ベーコンらとともに錬金術に対し実践的検証を行ったアルベルトゥス・マグヌスがヒ素を単離する。

1450年 バシリウス・ヴァレンティヌスがビスマスとアンチモンを区別可能な元素として説明する。これらは鉛やスズとともに古代から中東で広く使用されていた。

1550年 ドイツの冶金家アグリコラが、金属の採鉱法や精錬法の概要を著した『鉱山書』を出版する。

1600年 ウィリアム・ギルバートが地球磁場の存在を示す。

1620年 フランシス・ベーコンが著書『ノヴム・オルガヌム』で初期の科学的手法を示す。

1660年 ロバート・ボイルが『懐疑的化学者』を出版する。これにより、錬金術が化学という科学になっていった。

1669年 ヘニッヒ・ブラントがリンを単離する。自ら発見した元素に名前をつけたのはブラントが初めてだった。

1724年 ドイツの物理学者ガブリエル・ダニエル・ファーレンハイトが、塩水の凝固点と人の体温をもとに温度測定（華氏温度）を提唱する。

1732年 イェオリ・ブラントが、ガラスの青色はコバルトに由来することを示す。

アリストテレス

紀元前900年頃 ギリシアの詩人ホメロスが『オデュッセイア』と『イリアス』を書く。

紀元前347年 アリストテレスが野生生物や宇宙論などを研究し書き記す。

紀元前345〜265年頃 ユークリッドが偉大な数学書の一つ『幾何学原論』を記す。

紀元前260年 アルキメデスが数学と科学に関する本を書き記す。

西暦78〜139年頃 地震計を設計した中国の発明家、張衡の生涯。

83〜161年頃 古代ギリシア最後の天文学者プトレマイオスが、太陽系の運動について初めて数学的に説明する。太陽が地球のまわりを回っているという彼の考えは、約1500年間西洋を支配する。

105年 中国の蔡倫が紙を発明する。

499年 インドの天才アリヤバータが、三角法、ゼロの概念、位取り記数法を提唱する。

1220〜92年 体系的な調査と観察を提唱したロジャー・ベーコンの生涯。

1440年 ヨハネス・グーテンベルクがヨーロッパで印刷機を発明する。

1543年 ニコラウス・コペルニクスが、地球は太陽のまわりを回っていると主張する。

1609〜19年 ヨハネス・ケプラーが、惑星運動に関する三つの法則を考案する。

1610年 ガリレオ・ガリレイが、望遠鏡によ

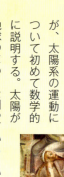
ヨハネス・グーテンベルク

プトレマイオス

アルキメディアン・スクリュー

紀元前221年 始皇帝が中国を統一し、最初の皇帝となる。

西暦43年 ロンドンの街が建設される。

79年 ヴェスヴィオ山が噴火して、ポンペイやヘルクラネウムといった古代ローマ都市を灰に埋める。

250年 マヤ文明の黄金時代が南米で始まる。

330年 ローマ皇帝コンスタンティヌス一世が、ビザンティウムを首都に定め、コンスタンティノープルに改名する。

396年 ローマ帝国が東西に分かれる。

800年 カール大帝がヨーロッパで初めての神聖ローマ帝国皇帝になる。

900年 ポリネシア人がニュージーランドに到達する。

1096年 第一回十字軍の遠征が始まる。

1300年 イースター島に巨大な石造彫刻が建ち始める。

16世紀 マリ共和国の街ティンブクトゥ

イースター島のアフ・トンガリキ

ポンペイの犠牲者の石膏像

兵馬俑

人頭巨石

周期表の歴史年表

元素

紀元前9000年　人類が初めて採掘した元素は銅である。最初は天然の純粋な銅が採掘され、やがて鉱物から製錬された。

紀元前7000年　小アジアで鉛の製錬が始まる。

紀元前6000年　金の工芸品がエジプトおよび広大な中東で作られる。ただし、金はその数千年前から使用されていたと考えられる。

紀元前5000年　エジプトで隕鉄（鉄質の隕石）が使用される。

銀の工芸品が作られる。ただし、銅や金同様、銀ももっと以前から使われていたと考えられる。

紀元前3750年　エジプトやシュメールで、銀もっと以前から使われていたと考えられる。シュメールで、銅、亜鉛、スズといった鉱物の製錬および青銅の製造に木炭（炭素）が使用される。

紀元前3500年　メソポタミアで、ガラスの製造に二酸化ケイ素が使用される。

紀元前2000年　中国とインドで、純粋な硫黄と水銀が使用される。

紀元前1200年　小アジアのヒッタイト人が硬い鉄製品を作るようになり鉄器時代が始まる。

紀元前420年　ギリシアの哲学者デモクリストとレウキッポスが物質は原子から構成されていると提唱する。

紀元前400年　プラトンが、原子は正多面体であると提唱する。

火山性硫黄

アガメムノンのマスク

科学とイノベーション

紀元前9000年　中東でヤギやヒツジが初めて家畜化される。

紀元前4800年　南エジプトで、シリウス、金星、春分点などの位置を示したと考えられる天文学的な印が石に彫り込まれる。

紀元前4000年頃　ヨーロッパやアジアの草原で、有史以前の人類が馬に乗る。

紀元前3500年頃　シュメール（現イラク）でくわが用いられる。

紀元前3200年　この頃までには、シュメールの都市国家が水路を作って広い耕作地を開発する。

紀元前3200年　体系だった初めての文字である、エジプトの象形文字やシュメールのくさび形文字が使われる。象形文字には数字も現れ、シュメールのくさび文字は簿記のために使われる。

紀元前2700年頃　中国で車輪が発明される。

紀元前2400年頃　エジプトでパピルス紙が筆記のために使われる。

紀元前1000年　中国で筆記具が使用される。

紀元前400～340年頃　中国の天文学者、甘徳と石申がもっとも初期の星表を作り続けることとなる、人頭巨石像が作られる。

パピルス紙に記された死者の書

世界の出来事

紀元前9000年　西アジアで、穀物の栽培と動物の家畜化を行いながら定住する村が初めて現れる。

紀元前6000年　チャタル・ヒュユク（現トルコ共和国）やエリコ（現パレスチナ自治区）など、初期の町が現れる。

紀元前5000年　シュメールに初めての都市ができる。

紀元前3100年　エジプトが一つの王国に統一される。

紀元前2600年　インドのインダス文明で、洪水に対する巨大な防御壁が造られる。

紀元前2547〜2475年　エジプトのギザでピラミッドが建設される。

紀元前2000年頃　クレタ島にクノッソス宮殿が建設される。

紀元前1700年頃　ナイル川下流域にクシュ王国が栄える。

紀元前1000年　カラハリ砂漠のサン人が何世紀にもわたり守り続けることとなる、人頭巨石像が作られる。

ギザのピラミッド

図の出典

本文

Alamy/The Print Collector 44; INTERFOTO 46 top; Keystone Pictures USA 99 bottom left; The Natural History Museum 132 top left. **Bradbury and Williams** 89 right, 90 bottom right, 91 bottom left, 108 bottom left, 115 bottom; 116, 117, 119, 120-1, 123 top left, 125 bottom right. **Chemical Heritage Foundation**/Osnovy khimīi, 1869-1871, Dmitri Ivanovich Mendeleev, Roy G. Neville Historical Chemical Library, Photograph by Douglas A. Lockard 3 top; Liber de arte Distillandi, 1512, Hieronymus Brunschwig, Othmer Library of Chemical History, Photograph by Gregory Tobias 26 top; Portrait of Joseph Priestley, Attributed to Ozias Humphrey, Gift of Chemists' Club, Photograph by Will Brown 40; The Shannon Portrait of the Hon. Robert Boyle, F.R.S. (1627-1691), 1689, Johann Kerseboom, purchased with funds from Eugene Garfield and the Phoebe W. Haas Charitable Trust, Photograph by Will Brown 133 bottom right. **Churchill Archives Centre** 95. **Corbis**/The Gallery Collection 32; Hemis 47; Raymond Reuter/Sygma 60 right; Roger Ressmeyer 105. **Dr. Keith Johnson, MIT & Watercluster Sciences Inc.** 124-125. **Edgar Fahs Smith Image Collection, Rare Book and Manuscript Library, University of Pennsylvania** 26 bottom, 29, 39 top, 46 bottom, 58, 64 bottom, 68, 126 bottom left, 127 bottom left, 128 bottom left, 131 top left, 132 bottom right, 134 top right. **Getty Images**/SSPL via Getty Images 11 bottom, 13, 64 top, 85 bottom; AFP 111. © **Heinrich Pnoik** 76-77 bottom. **Institut International de Physique Solvay** 90 top. © **Kazuo Miyamura** 110 top. **Library of Congress** 51 bottom. **NASA**/JPL-Caltech, UCLA 104 top; 124 bottom. **Science Photo Library**/RIA Novosti endpapers, i; Pasieka i; Sheila Terry ii background; Gregory Tobias, Chemical Heritage Foundation ii bottom; 1 background; NYPL, Science Source 2 left; Sheila Terry 2 right; Martin Land 7; Scientifica, Visuals Unlimited 8 top; Pasquale Sorrentino 10 bottom; Royal Astronomical Society 14; Albert Copley, Visuals Unlimited 15 top; Middle Temple Library 15 bottom; National Library of Medicine 16 top; Cordelia Molloy 16 bottom; 17 top; CCI Archives 17 bottom; 18; Emilio Segre Visual Archives/American Institute of Physics 19 top; Martyn F. Chillmaid 23; Jean-Loup Charmet 24 top; Middle Temple Library 24 bottom; New York Public Library Picture Collection 25; 27; 28 left; Gregory Tobias, Chemical Heritage Foundation 30 left; Royal Astronomical Society 30-31; New York Public Library Picture Collection 31, 34-35, 36 top; Sheila Terry 37; US Navy 39 bottom; 41 top; 41 bottom; 42 top; 43 top; 43 bottom; Sheila Terry 45 top; Gregory Tobias, Chemical Heritage Foundation 45 bottom; Science Source 48; Sheila Terry 49 right; Andrew Lambert Photography 53; 55 top; New York Public Library Picture Collection 55 bottom; 57 left; Sheila Terry 57 right; Royal Institution of Great Britain 59 top; 59 bottom; Jacopin 61; Friedrich Saurer 62 top left; Andrew Lambert Photography 62 top right; Charles D. Winters 62 bottom; Detlev van Ravenswaay 66 top; NYPL, Science Source 66 bottom; 69; National Library of Congress 71 top; 72 top; Charles D. Winters 72 bottom; 73 top; 73 bottom; Emilio Segre Visual Archives/American Institute of Physics 74; 75 top; Jose Antonio Peñas 75 bottom; 77; Physics Today Collection/American Institute of Physics 79; Prof. Peter Fowler 80 top; Prof. K. Seddon & Dr. T. Evans. Queen's University Belfast 80 bottom; Science Source 81; 82; Prof. Peter Fowler 84-85; Rick Miller/Oxford Centre for Molecular Sciences 86 left; National Physical Laboratory © Crown Copyright 86 right; Patrick Landmann 87; Lawrence Berkeley Laboratory 88 bottom; Jean-Claude Revy, ISM 90 bottom left; Science Source 92; Kenneth Eward, Biografx 93; Thomas Hollyman 94 bottom; Eye of Science 96; David Parker 97; Prof. K. Seddon & Dr. T. Evans. Queen's University Belfast 99 top; Gary Sheahan/US National Archives and Records Administration 100 bottom; US National Archives and Records Administration 100-101; Lawrence Berkeley National Laboratory 102; US Dept. of Energy 103 bottom; Fred McConnaughey 104 bottom; A. Barrington Brown 106; Laguna Design 108 top; Pasieka 109 left; Andy Crump 110 bottom; Victor Habbick Visions 111 bottom; Lawrence Livermore National Laboratory 112 top; Roger Harris 112-113; Detlev van Ravenswaay 113 top; Adam Hart-Davis 113 bottom; Charles D. Winters 114 left; 114 right; Claus Lunau 115 top; Pasieka 117 bottom; 118 bottom; Ted Kinsman 122 top; Laguna Design 122 bottom; Victor Habbick Visions 123; 126 bottom right; Middle Temple Library 126 top right; 127 top right; 127 bottom right; American Institute of Physics 128 top left; US National Library of Medicine 128 top right; Royal Institution of Great Britain 128 bottom right; Lawrence Berkeley National Laboratory 129 top left; Paul D. Stewart 129 top right; New York Public Library Picture Collection 129 bottom left; National Library of Medicine 129 bottom right; 130 top left; 130 top right; 130 bottom right; 131 bottom left; American Institute of Physics 131 bottom right; Middle Temple Library 132 top right; 133 top right; National Library of Congress 133 bottom left; Thomas Hollyman 134 top left; Middle Temple Library 134 bottom left; Emilio Segre Visual Archives/American Institute of Physics 135 top left; Science Source 135 top right; 135 bottom left; Lawrence Berkeley Laboratory 135 bottom right. **Taken from *Traite Elementaire de Physique*, Augustin Privat Deschanel (1869) 63. Taken from D-Kuru/www.commons.wikimedia.org/wiki/File:Crookes_tube_two_views.jpg 70 bottom. Thinkstock**/Dorling Kindersley RF 1 top; Hemera 6-7; Comstock 8 bottom; iStockphoto 9; Photos.com 10-11; Hemera 12 top; iStockphoto 12 bottom; Photos.com 20, 21 bottom, 22; iStockphoto 23 bottom; Photos.com 28 right; Digital Vision 33; Hemera 35; Photos.com 36 bottom, 38; iStockphoto 42 bottom; Photos.com 49 left, 51 top, 56, 65; iStockphoto 67, 70 top, 71 bottom; Photos.com 78 top, 78 bottom; Hemera 83 top; Dorling Kindersley RF 88 top; Hemera 100 top, 101 top; Dorling Kindersely RF 101 bottom; Digital Vision 103 top; Hemera 107; iStockphoto 109 right, 118 top; Photos.com 130 bottom left, 131 top right, 132 bottom left, 133 top left; iStockphoto 134 bottom right; Photos.com 127 top left. **Colin Woodman** 61 bottom, 74 top, 76 top, 81 top, 91 bottom right.

年表

Alamy/AF archive; D. Hurst, epa european pressphoto agency b.v.; France Roberts; Images & Stories; INTERFOTO; Mary Evans Picture Library; The Print Collector; Vintage Images; ZUMA Wire Service. **Science Photo Library**/A. Barrington Brown; Adam Jones; Carolyn Brown; CCI Archives; Charles D. Winters; Chris Gallagher; Custom Medical Stock Photo; David Hardy; David R. Frazier; Detlev van Ravenswaay; Eye of Science; Gary Cook/Visuals Unlimited, Inc.; George Bernard; Hank Morgan; Hubertus Kanus; James King-Holmes; John Heseltine; Library of Congress; Maria Platt-Evans; Michael Gilbert; Miriam And Ira D. Wallach Division of Art, Prints and Photographs/New York Public Library; NASA; Natural History Museum, London; NYPL; Pasieka; Patrick Landmann; Photo Researchers; Power and Syred; RIA Novosti; Royal Astronomical Society; Science Source; Sheila Terry; Simon Fraser; Take 27 Ltd.; Tek Image; University of Chicago/American Institute of Physics; USA National Library of Medicine; US Army; US Dept. of Energy. **Taken from Xuan Che/www.commons.wikimedia.org/wiki/File:The_mask_of_agamemnon.jpg**. **Thinkstock**/Hemera; iStockphoto; Paul Katz; Photos.com.

見返し

Д. И. Менделеев, Научный архив, том первый, Периодический закон, Москва: Издательство Академии наук СССР, 1953, с.19 [D. I. メンデレーエフ, 『科学の古典 第1巻 周期律』, モスクワ, ソ連科学アカデミー出版局, 1953年, p.19]

歴史を変えた100の大発見
元素——周期表にまつわる5万年の物語

平成27年3月30日　発　行

訳　者　大　森　充　香

発行者　池　田　和　博

発行所　丸善出版株式会社
〒101-0051 東京都千代田区神田神保町二丁目17番
編集：電話(03)3512-3262／FAX(03)3512-3272
営業：電話(03)3512-3256／FAX(03)3512-3270
http://pub.maruzen.co.jp

© Atsuka Omori, 2015

組版印刷・製本／藤原印刷株式会社

ISBN 978-4-621-08917-0 C0343　　　　Printed in Japan

本書の無断複写は著作権法上での例外を除き禁じられています．